スゴイぞ！　眼鏡市場

～メガネトップ業界売上ＮＯ．１の秘密～

はじめに

私たち株式会社メガネトップは、「眼鏡市場」というメガネ店を全国展開しています。メガネ店といえば、皆さんは、どこのお店を思い浮かべますか？

若い方に人気があるのはＪＩＮＳ（ジンズ）さんでしょうか。ご年配の方であればパリミキさんの名前を挙げる方もいらっしゃるでしょう。メガネスーパーさんや愛眼さんも知名度があります。

では、メガネ店の売上ナンバーワンはどこの会社であるかご存じでしょうか？

帝国データバンクや東京商工リサーチの調査によれば、２０１２年から２０２１年現在まで、10年間ずっとメガネ業界で売上高ナンバーワンなのは、私たち「眼鏡市場」なのです。

これはもちろん経営者である私一人の功績ではありません。

私たち「眼鏡市場」の店舗スタッフは、研修センターで視力測定の知識や、お客様の肌の色やファッションに合わせたフレーム選び、フィッティング技術などの専門的な接客を学びます。そして、店舗配属後は一人ひとりが時間をかけて丁寧な接客を行います。鯖江にある自社工場のスタッフは、製造から検品まで２００以上もの工程を細部まで丁寧に時間をかけて行い、一つのフレームを完成させています。

また、その自社工場では、プライベートブランドの開発が繰り返し行われており、２０１１年以降は毎年のようにヒット商品が生み出されています。その結果、今では取り扱い商品の80％程が自社工場のフレームとなり、利益率が大きく向上しました。

このように「眼鏡市場」が売上ナンバーワンの理由は、店舗スタッフと自社工場のスタッフの努力によるものなのです。

もともと株式会社メガネトップを設立したのは私の父である冨澤昌三（現会長）でした。設立当時から業界トップを目指した名前にし、業界の常識を覆す挑戦を繰り返して、２０１２年にようやくメガネ業界で売上ナンバーワンに立ったときには、会社設立から32年が経っていました。

もちろん、トップに立ったからといってそれで挑戦は終わりではありません。

トップの座を譲り渡すことのないよう、常にお客様の立場に立ったサービスと商品を提供し、他社よりも一歩先を行くことが必要です。

本書は、「眼鏡市場」が従業員とともに歩んだ歴史を、メガネ業界の変遷を折り込みながらまとめたものです。

　メガネ業界で働く方、また今後メガネ業界への就職を志望する方の知識の獲得に、ご活用いただければ幸いです。

眼鏡市場の沿革

2006年	10月	「眼鏡市場」スタート（P.14）
2007年	4月	ペ・ヨンジュンさん出演CMスタート（P.48）
2008年	4月	「メガネトップ」店舗の「眼鏡市場」への業態変更完了（P.53）
2009年	11月	「メガ割」スタート（P.92）
2010年	4月	「スリープライス」スタート（P.96）
	7月	「フリーフィット」発売（P.106）
2011年	4月	「ゼログラ」発売（P.125）
	6月	「アイ・アスリート」発売（P.129）
2012年	3月	売上業界No.1（P.134）
	4月	「アイリラックス」発売（P.148）
	7月	「ネオテックス」発売（P.148）
2014年	4月	nendoとの交渉スタート 「ALOOKIN（アルクイン）」スタート（P.153）
2015年	8月	「エイトプライス」スタート（P.153）
	12月	「nendo × ゼログラ」発売（P.163）
2016年	5月	「パーソナルカラー診断」サービス開始（P.176）
2017年	12月	ロゴ刷新（P.182）
2020年	3月	台湾1号店オープン（P.190）
2021年	6月	国内1,000店舗達成

メガネ業界各社の売上高推移

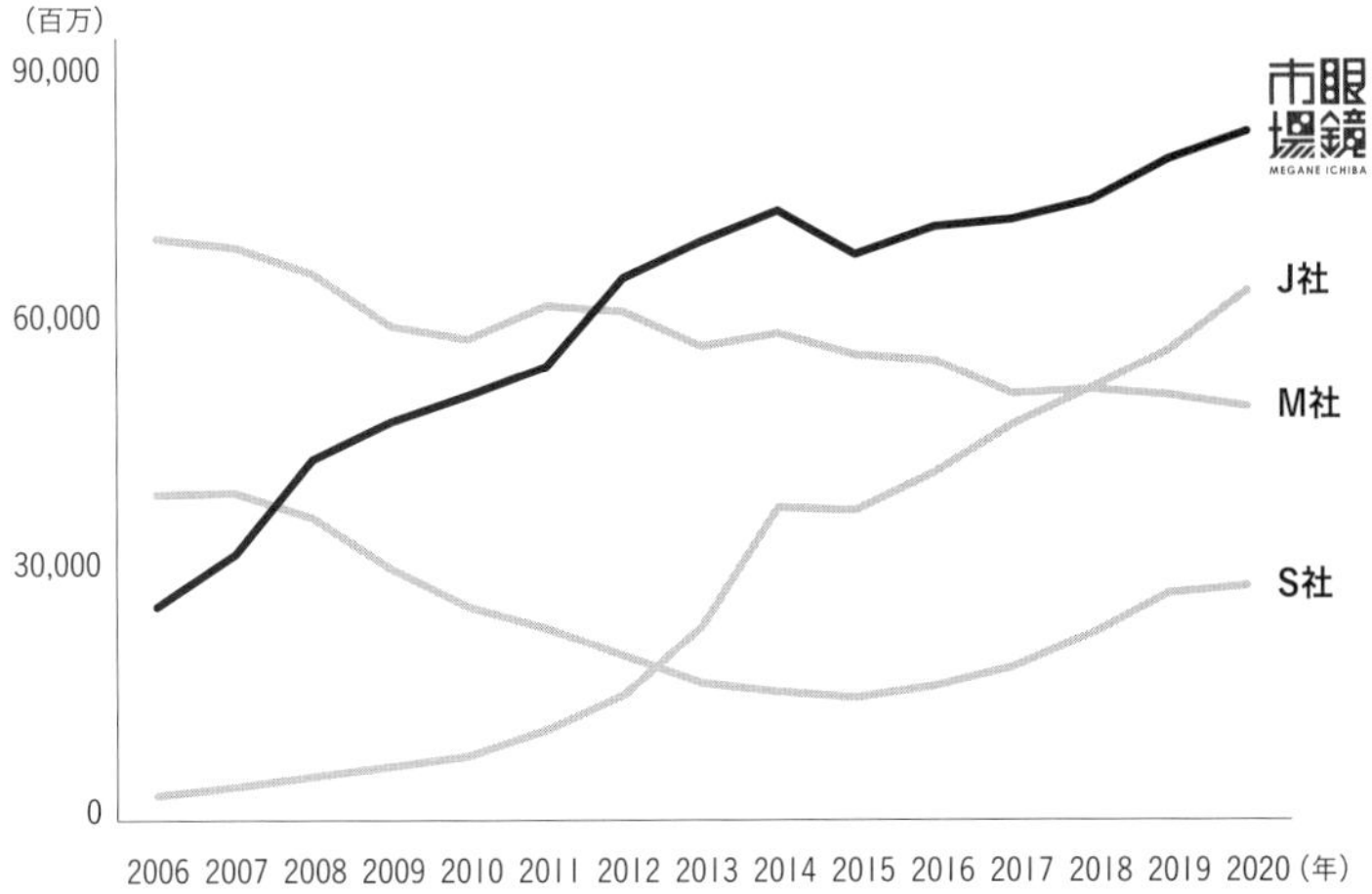

出典：「眼鏡DB」（2020、2011）

眼鏡市場の店舗数推移

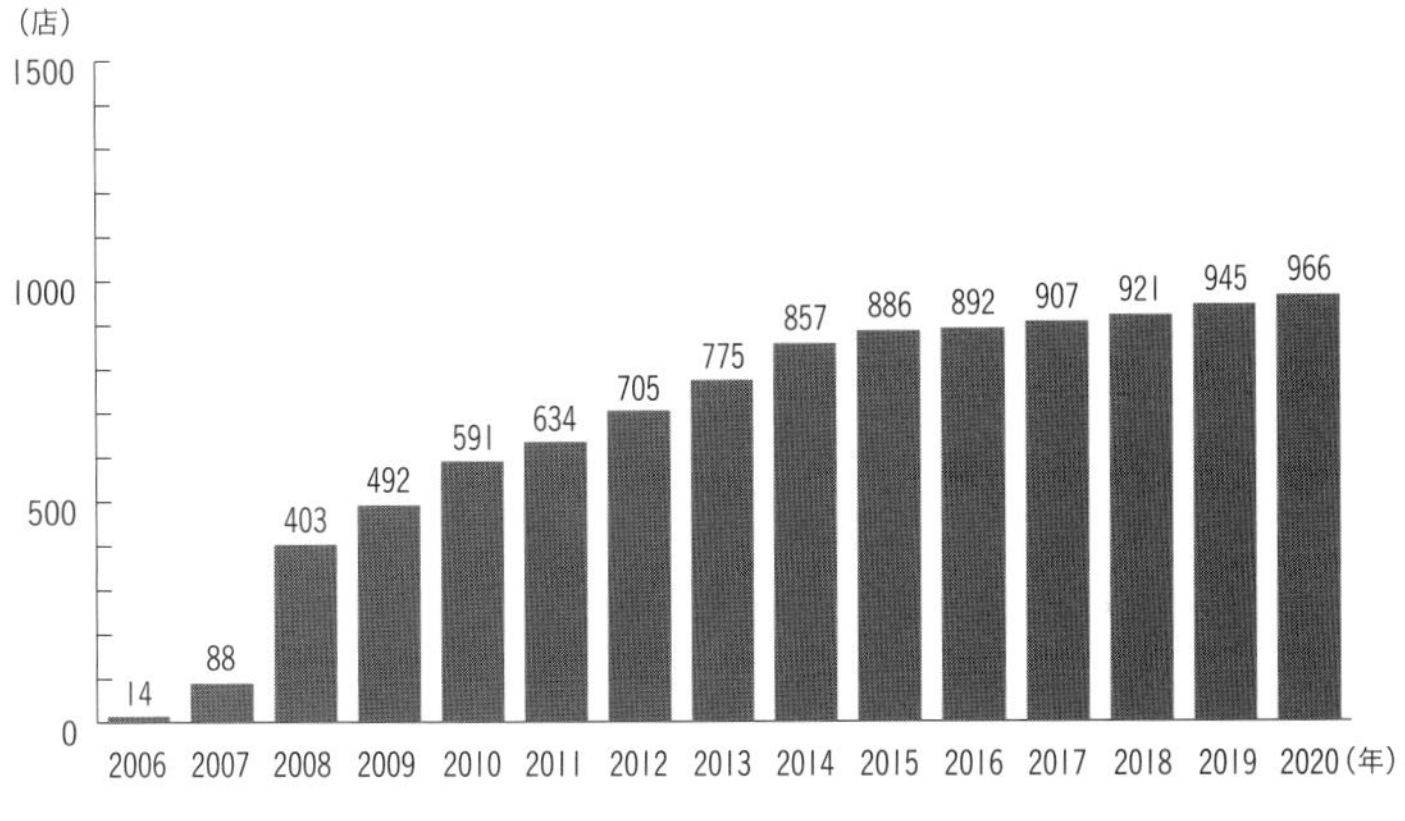

第1章

眼鏡市場 was born in 2006

第2章

カリスマ創業者退任――誕生！　28歳の2代目社長

第3章

試行錯誤を繰り返し、起死回生のヒット商品誕生

第4章
業界の常識を超えるチャレンジ！「眼鏡市場」のマーケティング戦略！

第5章

関わるすべての人を笑顔に――「眼鏡市場」の未来像

第1章

眼鏡市場
was born in 2006

「眼鏡市場」誕生！

２００６年10月7日。

「眼鏡市場」14店舗がいっせいにオープンしました。

同時に14店舗というと華々しく感じるかもしれませんが、そのようなことができたのは、「眼鏡市場」がまったくのゼロからのスタートではなかったからです。

実は、オープンした14店舗のうち13店舗は、以前の看板である「メガネトップ」店舗からのリニューアルオープンでした。

現在でこそ「メガネトップ」の店舗は一店もなくなってしまいましたが、２００６年当時は、すべての「メガネトップ」を「眼鏡市場」にリニューアルする計画ではありませんでした。

というのも、当初「眼鏡市場」は、あくまでもメインブランドの「メガネトップ」に対して、サブブランドとしての位置づけだったのです。

当時、すでに私たちの会社には「ＡＬＯＯＫ（アルク）」という若者向けのサブブランドがありましたが、「眼鏡市場」は、新たな顧客開発に向けた実験的な取り組みからスタートしたものでした。

「追加料金なし」でマーケットに勝負！

「メガネトップ」という歴史ある看板があるにもかかわらず、なぜ「眼鏡市場」は生まれたのでしょうか。当時、指揮を執っていた冨澤昌三の言葉を借りれば「メガネトップというブランドがお客様に愛されなくなった」からです。

その意味を紐解くエピソードがあります。

これは２００５年当時、マーケティング部マネージャーを務めていた高村徳弘が、冨澤昌三と一緒に「メガネトップ」の店舗を視察していた際の話です。

「たしか甲信越のお店のどこかだと思いますが、ちょうど視察に行ったとき、お子様のメガネを買いに親子連れのお客様がご来店されました。お子様がフレームを選び、お母様はその値段を見て『これならいいわ』と、スタッフのもとにお持ちになりました。私と会長は図らずも近くでその話を聞くことになったのですが、スタッフがお子様の視力を測ってレンズを提案するわけです。そうするとお母様の顔が曇るのですね。なぜなら、フレームに表示されている値段で買えると思っていたら、レンズの値段がプラスされることがその時点で分かったからです。しかも聞いているとスタッフはお子様のためにと、どんどん良いレンズを提案するのです。そのたびに値段がどんどん高くなっていくのですから、お母様の表情もどんどん硬くなっていきます。これは当時のメガネ店全般で普通の接客だったのですが、それを間近で見ていた会長が、『やはりレンズの追加料金は良くないな』と言いました。そのときに追加料金なしという眼鏡市場のコンセプトが生まれたのだと思います」

つまり、フレームとレンズを別々に売っていた販売方法が、お客様にとっては不親切であると感じたことをきっかけに「眼鏡市場」が誕生したのです。

メガネというのはフレームとレンズの組み合わせであり、お客様の視力に合わせてレンズを選んでいただきます。そのためメガネ店にとっては、フレームとレンズを別々に売ることが当たり前でした。今でこそ多くのメガネ店がセット価格での販売を行っていますが、お客様がどのレンズを選ぶか分からないのですから、あらかじめフレームとレンズをセットにして価格をつけることなど当時は考えられませんでした。

しかし、メガネ店にとっては当たり前のことが、お客様には非常に分かりづらいものになっていたのです。

ほとんどのお客様はメガネの購買プロセスなんて知りませんから、とにかくフレームとレンズが組み合わさった完成品を求めて来店されます。そこにダミーのレンズを入れたフ

一般的なメガネ店と眼鏡市場の価格設定の比較

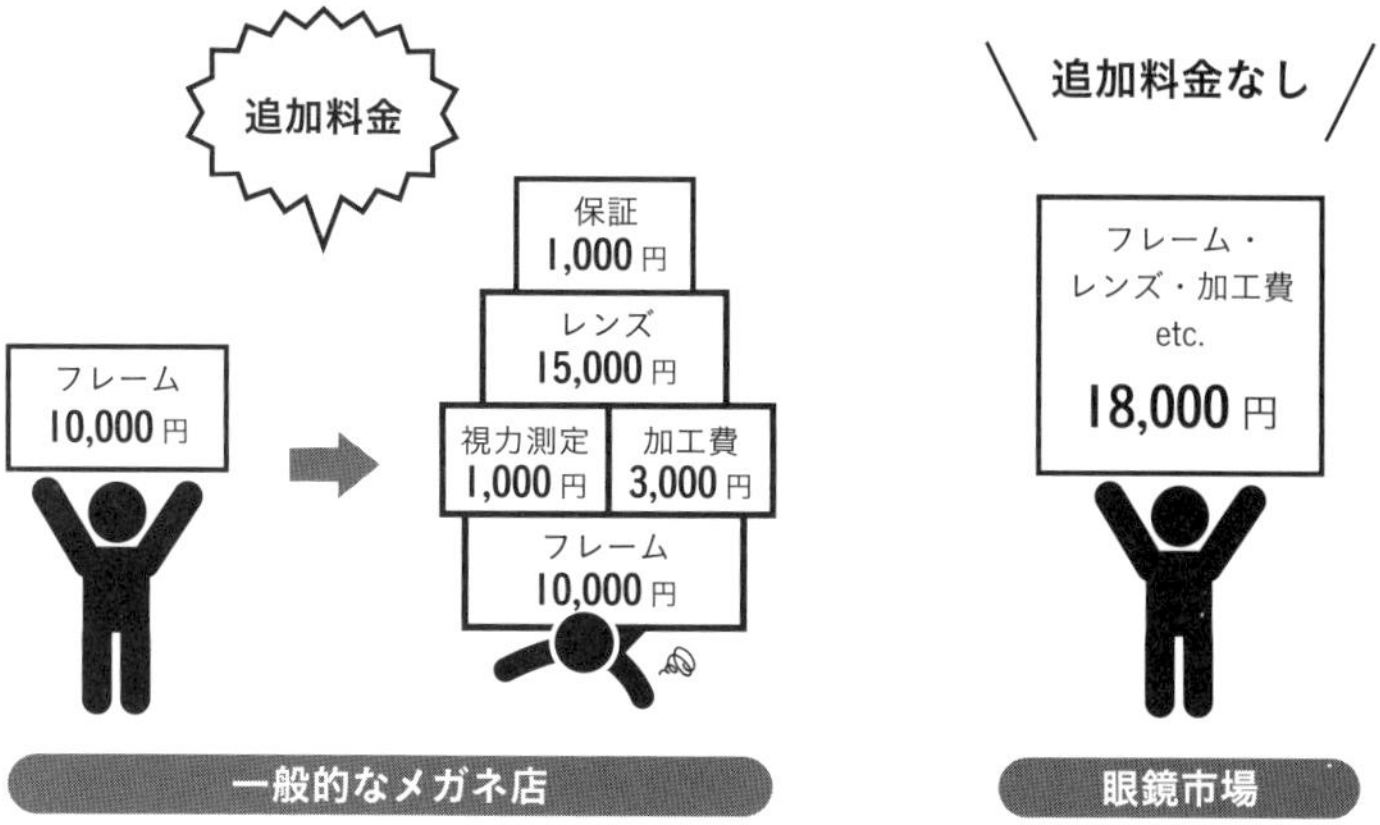

レームが並んでいて、それぞれの値札が付いていれば、それが完成したメガネの価格だと思うのは当然です。

ところが実際は、それがフレームだけの価格でレンズは別料金であることを、フレームを選んだあとに知るのです。そこからさらに高性能なレンズを選ぶほど合計価格は高くなり、場合によっては、当初選んだフレーム価格の２倍以上になることすらありました。

一方で、当時のメガネ業界では、激安メガネが流行っていました。

２００１年に、インターメスティックが展開を開始した「Ｚｏｆｆ（ゾフ）」は、中国や韓国からメガネを輸入し、フレームとレンズのセットで一式５０００円、７０００円、９０００円のスリープライスで販売したのです。

メガネは3万円程度が相場と思われているところに、５０００円~９０００円のメガネが売り出されたのですから非常に大きな話題になりました。これをきっかけとして、メガネ業界に価格破壊の波が押し寄せます。

ですが、フレームとレンズを合わせて５０００円のメガネと5万円のメガネとでは、品質において同じはずがありません。５０００円のメガネは言葉を選ばずにいえば、メガネとして最低限のクオリティを備えたものです。

時々視力を補助するためにメガネを掛けるライトユーザーの方であれば、５０００円のメガネでも十分に満足できるかもしれませんが、四六時中メガネを掛けるヘビーユーザーとなると、より良いものを求める方が多くなります。

そのような場合、フレームとレンズを合わせたセット価格５０００円といったメガネでは、薄いレンズや遠近両用レンズなどを希望するとセット価格におさまらず、追加料金が必要になってしまうのです。

これはメガネ店の側からいえば当然です。レンズの原価が上がるのですから、追加料金を頂かなければ、場合によっては原価割れしてしまいかねません。

眼鏡市場誕生以前のメガネ購入者数・平均単価

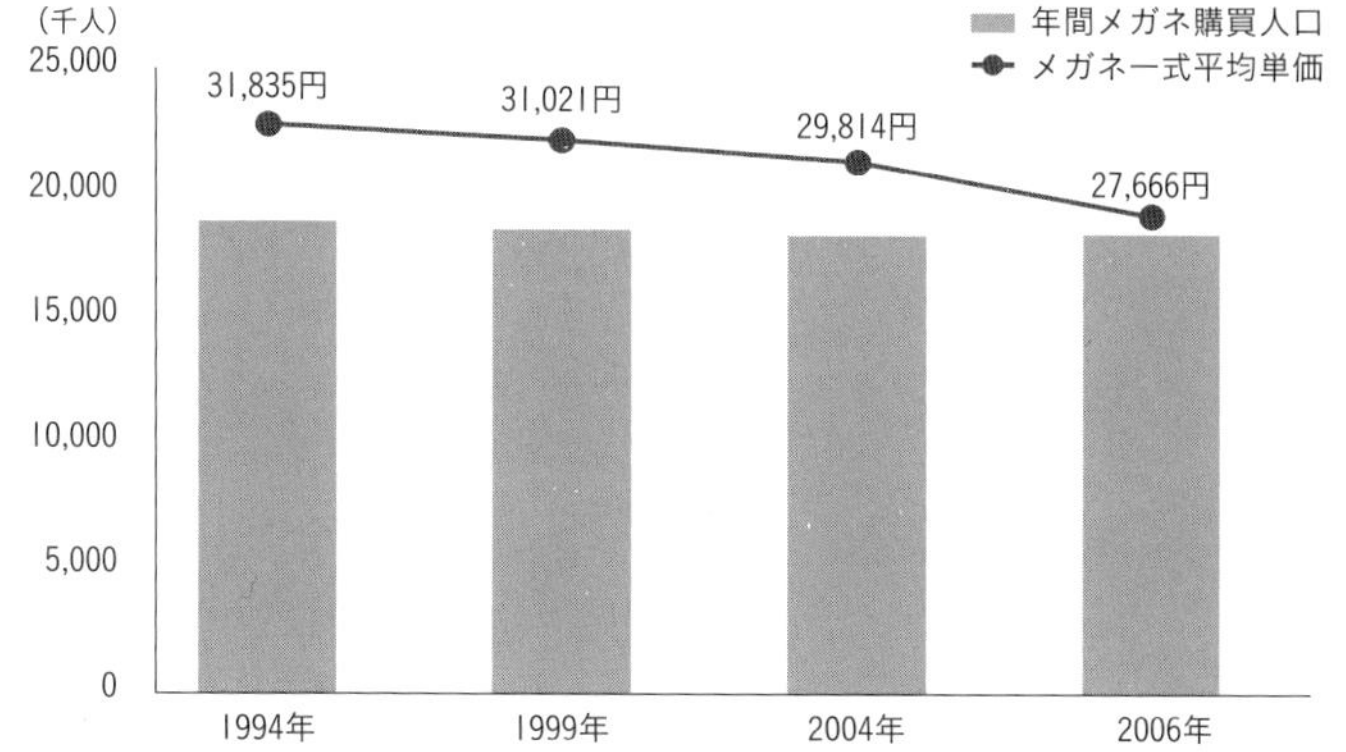

出典：「眼鏡DB」（2020、2011）、「眼鏡白書」（1994-1995、1995-1996、2000-2001、2005-2006）

しかしお客様の側からすれば「フレームとレンズのセットで５０００円！」とうたっていながら、最終的な価格がそれ以上になってしまうのでは、モヤモヤ感が出てしまいます。

どんなに低価格セットのメガネが流行しても、このような不透明なモヤモヤが払拭されない限り、メガネの価格に対するお客様の不信感は晴れないだろうと思われました。

そこで生まれたコンセプトが「追加料金なし」でした。

つまり、フレームとレンズのセット価格はもちろん、レンズをより良いものに変更されても「追加料金なし」で提供する考えでしたが、具体的な価格体系は、まだ決まっていませんでした。

ディスカウント戦略からの転換

「追加料金なし」ですから、仕入れ原価などを考えると５０００円などという低価格にはできません。だからといって５万円では、多くのお客様より支持を頂くのは困難です。

いったい、いくらにすればよいのか。

それを考えているときに知ったのが、東北地方を中心に展開するメガネチェーン店「弐萬圓堂」の戦略でした。

それまで「弐萬圓堂」は「フレームとレンズのセットで２万円、ただし高額レンズは追加料金あり」という、ごく一般的なシステムで販売をしていましたが、２００５年頃からは「カラーレンズ以外は、すべてセットで２万円」という、均一価格を打ち出して人気を得ていました。

ちなみに、私が前職の広告代理店を退社してメガネトップに入社したのが２００５年１月のことですから、ちょうどこのメガネ業界の激変期にそのまま立ち会ったことになります。

私がメガネトップに入社したのは、前年の２００４年に会社が赤字に転落したことがきっかけでした。

権限委譲を進め第一線から退こうとしていた創業者の冨澤昌三が、赤字転落という危機に直面したことで、再び社長兼営業本部長として経営の陣頭指揮を執ることになり、それをかたわらで学ぶために、息子である私が入社した流れになります。

当時、冨澤昌三には次のような思いがありました。

「業界トップを目指して創業したのに27年経ってもトップになれず、メガネトップの名前が泣いている。業界4位ということは、可もなく不可もなくだから、利便性や価格でしかお客様を呼ぶことができていない」

2005年7月、私は冨澤昌三のもと、経営企画部、商品部、店舗開発部、マーケティング部のメンバーとともに、全国14店の不採算店舗の巡回に参加します。赤字に陥った原因を、実際に現場を見て回ることで探るための巡回でした。

そこで分かったことは、個々の店舗やスタッフの努力だけではどうにもならない差が生じている事実でした。

「メガネトップ」では、どうにか他店との差別化を図るべく、たびたび大幅なディスカウントセールを行っていたのですが、その結果、売上は増えるものの利益が目減りし赤字に陥っていました。

「ディスカウント」は私たちの会社の強みでもありましたが、当時は専門店も含めて業界の大半が「ディスカウント」に走っていたため、価格の優位性を失っていたのです。
巡回を行った不採算の14店舗は、チラシ、商品構成、運営コスト、店内の動線など、冨澤昌三が自らテコ入れを図りましたが、それだけで会社全体の赤字を補うことはできません。

そこで黒字ではあるものの、急激な収益悪化が目立つ甲信エリアを次の巡回先に選びました。ここで私たちが目にしたのが、東北エリアから進出してきた「弐萬圓堂」の人気です。「追加料金なしで2万円」を打ち出した「弐萬圓堂」の集客力は、私たちの予想をはるかに超えるものでした。

急遽、甲信エリアの店舗へ「追加料金なし」のコーナーを実験的に設置して様子を見ましたが、店舗内の一コーナーだけが「追加料金なし」で、ほかの商品は「追加料金あり」というのは、お客様にとって分かりづらく、かえってクレームが増える結果に終わりました。

このこともあって、冨澤昌三のなかで「追加料金なし」の店舗を、新たに作らなければとの想いが強くなったのだと思います。

そうはいっても、既存店舗とシステムのまったく異なる新店舗となると、品揃えからスタッフ教育まで新たにつくり上げねばなりませんから、簡単にはできません。

計画がなかなか進まないでいたところ、翌２００６年5月、とうとう当社の膝元である静岡県浜松市にまで「弐萬圓堂」が出店することになります。東北から甲信と店舗数を拡大し、ついに東海地方にまで進出してきたのです。

それでも私たちは、まだなんとなく楽観視していました。

なぜなら、浜松市は「メガネトップ」が6店舗、そのほか競合店も多いメガネ店の激戦区です。そんなところへ東海地方ではまだまだ知名度の低い「弐萬圓堂」が一店舗だけ出て来ても、それほどお客様は動かないだろうと思ったのです。

ところが「弐萬圓堂」浜松店のオープンの日、近隣の店舗からの報告を聞いた私たちは愕然とします。その日「メガネトップ」の店舗には、まったくお客様が来店されていないというのです。

慌てて視察に行くと、「弐萬圓堂」の店舗には途切れることなくお客様が入って行きます。テレビ局も取材に来ており「追加料金なし、均一価格のメガネ店が浜松に進出」のニュースが報道され、「弐萬圓堂」自体のテレビコマーシャルも盛んに流れていました。

完敗です。そうこうするうちに「弐萬圓堂」が静岡市にも出店するとの噂が流れてきました。

翌６月の営業戦略会議での、冨澤昌三の言葉は非常に重く沈鬱なものでした。

「メガネトップは、もはやお客様に愛されていない。嫌われていると言ってもいいくらいだ。だからこれからはメガネトップの名前を出さずに、追加料金なしで１万８０００円均一の、均一価格の店舗を新しく作っていく」

「眼鏡市場」に関して明確な指示が出たのは、このときでした。

１号店オープンまでのドタバタ劇

１万８０００円という価格は、「弐萬圓堂」の２万円均一価格に対抗するための冨澤昌三の指示でしたが、のちに業界専門誌などで調べたところ、当時の平均単価を下回る絶妙な価格ということが分かりました。

７月になると、冨澤昌三から、新たな指示が出ます。

「できるだけ早く、追加料金なしの均一価格で、メガネトップを連想させない新しい店舗を、ディスカウントをイメージさせない格式のあるかたちで作るべし」

さらには、新店舗の名称として「春夏秋冬」というネーミング案まで出されました。これは、季節ごとにお店の模様替えをして新しさを打ち出したいとの意向の表れでした。「春夏秋冬」という名前は決して悪くはありませんが、メガネ店らしくないという意見もありました。そこで、販売促進室長だった私の姉である冨澤美奈が、代わりの名称を考えました。そして最初に思いついたのが「眼鏡屋」という案です。シンプルですがほかに使っている店もなく、分かりやすいと考えたものでした。

けれども代案を出すには一案では足りません。当て馬としての案も考えるよう上司に言われたことで、ひねり出したのが「眼鏡市場」です。

もともとは、「眼鏡マルシェ」という、フランス語の「市場」を意味する単語がイメージにありました。季節にあった商品が並べられ、鮮度良く種類も豊富、目利きのスタッフがお客様と楽しそうに話しながら、楽しく買い物ができる、そんな光景を「マルシェ」という言葉に思い描いたのです。

しかし「マルシェ」では、ご年配の方にとって、少し分かりづらいと考えたこと、さらには、すでにメガネ一式の販売価格を「1万8000円」に統一するコンセプトも固まりつつあったことから、「市場（いちば）」と「一八（いちば）」の語呂合わせが、お客様とのちょっとした会話で笑いにつながればと思い至り、「眼鏡市場」の名前が生まれました。

そして、もう一案の「誠実屋」と合わせて、３案のどれが良いかと社内で意見を聞いて回った結果、「眼鏡市場」が最も好評だったことから、その後は、「眼鏡屋」が当て馬としての案になり、本命案を「眼鏡市場」で進めプレゼンテーションの場を迎えます。結果は、看板にした際に四文字のほうが収まりがよいこと、また「市場」の言葉から浮かぶイメージが一同から賛同され、即決となります。冨澤昌三の指示から実質的に２日で決定した屋号名でした。

８月、名称に合わせた新たなロゴも作られることになります。経費を抑制するため、当初は社内で進めていたのですが、社内でデザインすると、どうしても赤や青など原色を多用した従来の「メガネトップ」のデザインに寄ってしまいました。

いくつか出たデザイン案を見た後、冨澤昌三から「メガネトップっぽさをなくすことが最低ライン」との基準を示され、外部のデザイン会社にデザイン案を発注することになります。

こうして完成した誕生当初の「眼鏡市場」のロゴは、２０２１年現在の「眼鏡市場」のロゴとは異なるものでした。オープンまであまり時間がないなかで、当時お付き合いのあったアートディレクターさんにお願いして制作したロゴが旧バージョンです。

旧バージョンのロゴ

いろいろな案をご提案いただいたなかから、特徴のある書画の落款のような書体で、印象的であり、信頼性のあるイメージのロゴを選びました。

このロゴは２０１７年に現在のロゴに刷新されるまで11年間使われた、思い出深いものです。

ロゴの制作と並行して、店舗デザインも進められました。

さらには、名札、保証書、保証書カバー、カルテ、ショップバッグなど、お客様の目につく箇所をすべてリニューアルするため、それなりの経費がかかります。特に店内什器については、冨澤昌三から全面的に刷新したいとの希望が出ており、悩みどころでした。

解決策として出てきたのが、当時はまだ品質面で不安のあった中国製の什器を使う案です。

当時の什器担当者は、中国什器の品質への不安を理由に反対しましたが、冨澤昌三は自ら中国へ出向いて、毎日30件のペースで家具屋を回り、自分の目で質を確かめるとともに飛び込みで交渉を行いました。最終的に３００社近くを回り、１店舗あたり８００万円かかっていた店内什器を、１店舗あたり１００万円で作ることに成功します。

改装においていちばん費用がかかる店内什器を従来比で８分の１に抑えることができたことで、その後、「メガネトップ」から「眼鏡市場」への全店改装を加速させることが可能になりました。

こうして、10月に14店舗を同時オープンする計画が決まります。これは前例のないハイペースな出店で、時間のないなか忙しく立ち動き回らねばなりません。

とはいえ、14店舗のうち13店舗は従来の「メガネトップ」からの業態転換というかたちでした。そうでなければ３カ月で14店舗をオープンさせることはとうてい不可能だったでしょう。

そのなかでも静岡県浜松市の新店１店舗だけは「メガネトップ」としてオープンする予定だったものを、急遽「眼鏡市場」に変更したものでした。そのため様々な契約書のサインを書き直すなど、探せばいろいろと急造の跡が残っています。

９月、閉店セールから開店までのわずか２週間の間に、改装工事が急ピッチで進められましたが、白黒を基調とした「眼鏡市場」のデザインルールについてしっかりと理解していただけたことで、大きなリテイクもなくスムーズに進みました。私たちの無理を聞いてくださった取引業者の方々には本当に感謝しています。

「眼鏡市場」は、従来のメガネ屋っぽさをなくし、あえて外から店内を見えなくすることで入店時のわくわく感を演出しました。

店内の演出についてもこだわりました。イメージは「シンプル」「サロン」「格式高く」であったので、その雰囲気を出そうとＢＧＭにジャズを使用し、照明も暗めにしました。しかし、照明を暗くすると商品が見づらくなるとの声があがったため、対策としてピンスポットライトで適宜調整することにしました。

チープさや安売り感を出さないように、並べ方などの商品演出も試行錯誤したものです。具体的にいえば、価格が同一になることで商品も同一と見られてしまうことを避けるため、改めて一つひとつの商品の特徴を注視し、強みを訴えるディプレイにしました。

フレームについては、金無垢などの高額フレームはさすがに原価割れしてしまうのでラインナップから外し、１万８０００円で販売できるもののみを残しました。なので、初期はなかなか１万８０００円で販売できるフレームの種類が増えず、見せ方には苦労したものです。

「眼鏡市場」へ、リニューアルの大成功

「眼鏡市場」が1号店から14号店までいっせいにオープンする記念日は、2006年10月7日となりました。

失敗するわけにはいきませんから、この日に合わせて事前にテレビコマーシャルでの告知を大々的に行いました。どれくらい力を入れたかといえば、テレビをつければ「眼鏡市場」のコマーシャルを見ない日はない、というくらいのインパクトを目指しました。そのための出稿量はかなり多く、現在、私たちの会社が商戦期に流すテレビコマーシャルの3～5倍程度を流していました。

通常、メガネ店に来訪するお客様は近隣に住んでいる方にとどまります。メンテナンス等で来店する際の利便性を考え、住んでいる場所の最寄りでメガネを作ろうとされるからです。そのため「メガネトップ」時代の新規オープンでは、近隣のお客様に向けてチラシをポスティングするか、新聞折り込みでチラシを配布するかで対応していました。

「眼鏡市場」がテレビコマーシャルにこだわった背景として、「眼鏡市場」のコンセプト「追加料金なし」には、遠方からのお客様を車で呼び寄せるだけの効果があるとの思惑がありました。そこで、あえて地域を限定して一気に出店し、そのエリアにテレビコマーシャルを集中的に投下することで、広告効果を高めるとともに、チラシを併用して一気に集客することを狙ったのです。

そして迎えた10月７日――私たちの想定以上に多くのお客様が詰めかけてくださいました。

ほとんどの店舗で開店前から長蛇の列ができていて、開店時間にはすでに駐車場が満車になりました。開店後は店内がすし詰めとなり通路をすれ違うことすら困難で、じっくりと商品をご覧いただくことが難しい状態です。

混雑することはある程度は予想しており、近隣の店舗から応援を呼んでスタッフを増員していたものの、それではとても間に合いませんでした。

最も混雑しているときには視力測定の待ち時間が３時間を超え、さらにメガネが出来上がるまで長い時間お待たせすることとなりました。

とはいえ、社運を賭けた新ブランドの「眼鏡市場」が、初日から上々の滑り出しであったことを、私たちは喜びました。

14店舗のうち、静岡県外のためにテレビコマーシャルを流せなかった「豊橋三ノ輪店」と「札幌中央11丁目店」では、想定よりも若干お客様が少なかったものの、ほかの店舗は大幅な売上増となりました。

最初に業態転換を行った店舗の多くは、業績の厳しい店舗でしたが、「メガネトップ」のときには月商５００万円以下だった店舗が、「眼鏡市場」へ業態転換した最初の一カ月で、２倍から３倍の売上を上げました。

そのなかでも最も大きな売上だったのは藤枝店で、最大で月商が２０００万円にのぼり、そのにぎわいは最初の一カ月だけでなく、その後もずっと続きました。

人手が足りなかったため、日本全国の「メガネトップ」の店舗から応援人員を送り込んでもらい、そのなかには一カ月間ずっと現地に泊まり込みで働いてくれたスタッフもいました。

これだけ売れたとなると、ほかの「メガネトップ」店舗も「眼鏡市場」にリニューアルするのが経営戦略として当然です。14店舗いっせいオープンから1週間後には、「メガネトップ」全店舗を「眼鏡市場」へと業態転換する方針が決まりました。

外から店内を見えなくするため、入口にコンセプトボードを設置

演出と商品の見えやすさを考慮し、ピンスポットライトを設置

このように「メガネトップ」から「眼鏡市場」への業態転換を順次行っていった結果、10月に14店舗でスタートした「眼鏡市場」は、12月には43店舗まで増えます。

こうして「眼鏡市場」の成功は、メガネ業界に衝撃を与えます。

特に「眼鏡市場」よりも先に「追加料金なしの均一価格2万円」のコンセプトを打ち出して躍進していた「弐萬圓堂」は、「眼鏡市場」がそれよりも２０００円安い均一価格１万８０００円を展開したことに、大きな衝撃を受けたことと思います。

このような「眼鏡市場」の躍進を、競合店も黙って見ているわけではありませんでした。

「メガネトップ」が「弐萬圓堂」の進出に驚いて試行錯誤したように、「追加料金なしの均一価格」コーナーを店舗の一部に設置する競合店が続出しました。

けれども、結局は「メガネトップ」時代に行った私たちの会社の試みが潰えたように、競合店の対抗策もあまり実を結ばなかったように思います。

「眼鏡市場」では、販売価格を下げることで減少する粗利を補うために、全社的にさまざまな施策を行っていました。

例えば、ウミガメの甲羅などから作るベッコウなどの高級フレームは、思いきって取扱いをやめました。「眼鏡市場」の価格ではとうてい販売できないことが分かっていたからです。

逆に自社工場でのプライベートブランドの生産を増やしました。当然のことながら、フレームは他社から仕入れるよりも、自社で生産したほうが原価を抑えることができます。「メガネトップ」時代は売上に占めるプライベートブランド比率が２割程度でしたが、「眼鏡市場」では販売数の７割がプライベートブランドになるように、商品の展示構成を変えました。

その当時、メガネ業界の大手チェーン店で自社工場を所有しているのは、「眼鏡市場」のほかに「パリミキ」くらいしかありませんでした。ですから「眼鏡市場」の追加料金なしで１万８０００円という均一価格に対抗することは、競合にとって難しかったと思います。

粗利を補う施策のなかでも、レンズについては自社生産ができなかったため原価を抑えることが困難でしたが、私たちは、取引先のレンズメーカーから大量に仕入れて大量に販売することで、従来よりも単価を下げる交渉を行いました。

従来は多種多様のレンズを取り扱っていたものを20種類に絞り、１種類あたりの販売数を増やすことで大量発注を実現したのです。さらに、東西で発注先を分け配送コストの抑制も図りました。これらの施策も取引先のレンズメーカーの真摯な協力がなければとうてい実現し得なかったことで、感謝の念に堪えません。

このような全社的な施策と一体化しての「追加料金なしの均一価格1万8000円」は、他社が真似しようとしても容易にはできないのです。

もちろん、良いことばかりではありません。価格交渉が難航したり、ブランド品を値下げするなら取引を停止すると告げてきたメーカーも一つや二つではありませんでした。また、急に価格体系を変えたことから「メガネトップは危ないのでは?」と思ったメーカーもあり離れていきました。社内でも、公然と反対はしないものの「眼鏡市場」への業態変換に反対する人は多くいました。お客様のなかにも、「安かろう、悪かろう」ではないかと疑心暗鬼の方が当初は多くおられたと思います。

レンズの発注方法変更によるコストダウンの仕組み

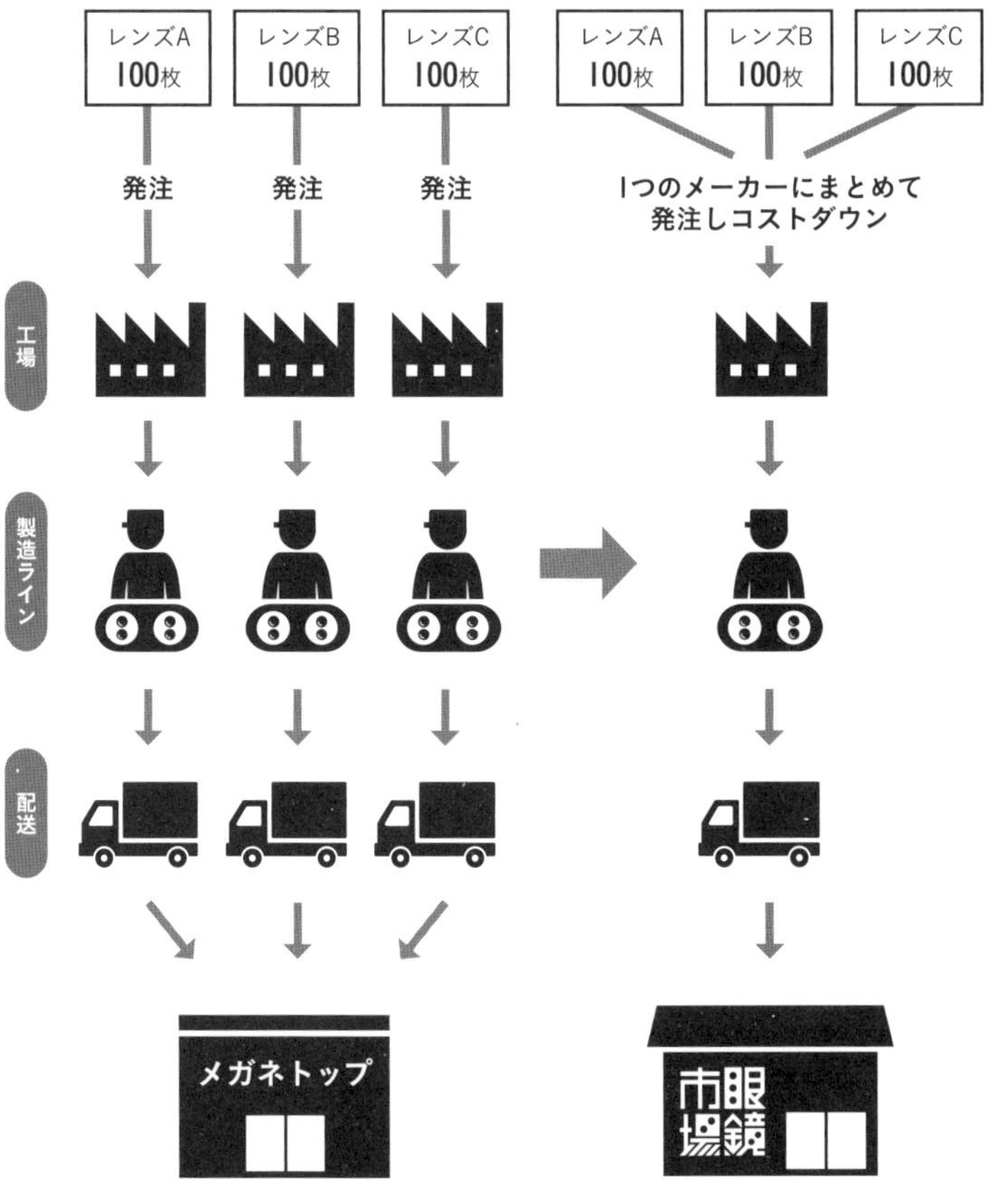

価格に対するスタッフの不安

　成功の裏には歪みも生まれます。

「眼鏡市場」への改革のスピードにスタッフの意識が追いつかず、当初は業態転換への反発もありました。「眼鏡市場」における接客は、従来の「メガネトップ」の接客とはベクトルがまったく異なっていたからです。

「メガネトップ」では、フレームとレンズの料金が別々だったので、スタッフはいかにお客様にとって良い商品、フィットする商品を提案するかをシンプルに考えていました。

　結果として、それがお客様の予算に合わなかったとしても、次善の商品を提供することができますし、より良い品質の商品をおすすめすることがお客様のためにもなり、それが会社の売上アップにもつながると信じていたからです。

　しかし追加料金なしでフレームとレンズのセットを均一価格で提供する「眼鏡市場」では、価格は1万8000円と明朗にはなりますが、そのなかで提供されるフレームやレンズの原価はまちまちです。

　つまり、お客様のためにより良い品質のフレームやレンズをおすすめすると、原価が高くなり会社の利益が下がってしまうことにもつながりかねません。そうなるとスタッフは原価を意識した販売をすることになりますが、今度は、お客様に対して最善の接客をしている満足感を得られ難くなります。

さらに「メガネトップ」では、ディスカウントといってもメガネの平均客単価が２万円以上はあったのですが、「眼鏡市場」ではすべて１万８０００円で売ることになったのですから、今までより売上が下がっているような感覚に陥ったスタッフもいたようです。逆に「メガネトップ」では１万８０００円以下で買えたものも、「眼鏡市場」では一律１万８０００円になるので、何の説明もなく値上げをしたかのような心苦しさを抱いたスタッフもいました。

当時、営業本部長として全国の店舗を巡回していた松田成明は、スタッフから「こんなに安く売っちゃって会社は大丈夫ですか？」「本当にこの値段でこんな高額なレンズを入れてしまっていいのですか？」など、不安の声をたくさん聞きました。

それに対する松田の答えは明快でした。

「安く売るということは、それだけお客様のお得になるということだ。眼鏡市場は、お客様のために、分かりやすい均一価格の販売を行う。もちろん個々の商品の粗利は減ったように感じるかもしれないが、その分お客様の数が増えているので、全体としては売上も利益も上がることになる。売れる数が増えれば仕入れる数も多くして、原価も下げることができる。最初は慣れないかもしれないが、大丈夫。私たちはメガネ業界の変革に取り組んでいる。10年後には眼鏡市場の販売方法が業界のスタンダードになるはずだ」

当時、眼鏡事業部長であった村田直久も、スタッフの強い懸念を覚えています。

「同業他社から転職してきた方など、業界経験の長いベテランのスタッフになればなるほど眼鏡市場の販売手法に疑問を覚えたようでした。フレームもレンズもそれぞれに原価があって価格が決まっているのですから、眼鏡市場のやり方だと、原価の高いメガネを買うお客様にとっては得になるものの、原価の安いメガネを買うお客様は損をすることになり、不公平なのではないかと詰め寄られたこともありました」

当時の平均単価以下で販売しているのですから、お客様が損をすることはないのですが、村田はスタッフの疑問に対し、次のように答えました。

「確かに、そのように考えるお客様もおられるでしょう。しかし眼鏡市場は、メガネを買おうとすると値札よりもどんどん高くなってしまう、という恐怖感を抱いているお客様に対して、どんなメガネを選んだとしても1万円札2枚で足りてお釣りまで戻ってくる、という安心感を伝えたいのです。メガネ業界に対するお客様の不信感、不透明感を払しょくするのが私たちの最大の目的です」

急激な業態変化に対するスタッフの不安は大きかったのですが、会社の意図を正確に理解した管理職者たちの丁寧な説明によって、徐々に納得する人が増えていきました。

地下１Ｆから８Ｆまで全部メガネ！
新宿東口本店

「眼鏡市場」は10月にオープンした最初の14店舗のうち12店舗を、本社のある静岡県で展開しましたが、翌月の11月には東京都の新宿駅東口の紀伊國屋前に、８階建のビルすべてがメガネ店という、通称「メガネビル」をオープンさせました。

それが現在の「眼鏡市場 新宿東口本店」です。

「眼鏡市場」最初のオープンが10月ですから、11月に「メガネビル」を「眼鏡市場」としてオープンさせることは、事前準備を考えると不可能に思えます。

実は、この「メガネビル」は、当初「眼鏡市場」ではなく、私たちの会社のもう一つのブランドである「ＡＬＯＯＫ（アルク）」として構想していたものでした。

「ＡＬＯＯＫ（アルク）」は、「Ｚｏｆｆ」「ＪＩＮＳ」といった若者に人気の低価格メガネブランドのブームに追随するべく、「眼鏡市場」より前に立ち上げたサブブランドです。

東京都心にビルを丸ごと１棟借りて、東京の本店となるような「メガネビル」を作ろうという計画はそれ以前からありましたが、なかなか良い候補地が見つからずにいました。

２００６年、ようやく新宿東口に好立地のビルが見つかったときには、６月の営業戦略会議で、冨澤昌三が「メガネトップはお客様に嫌われている」と言ったように、「メガネトップ」の名前を大々的に掲げる構想はしぼんでいました。

そこで、若者の支持を受けて成長している「ＡＬＯＯＫ（アルク）」で、全フロアを統一した「メガネビル」の計画が進んでいたのです。

しかし、この構想には一つ難点がありました。

当時、すでに新宿東口のアルタ横で「ＡＬＯＯＫ（アルク）」の店舗が営業しており、もし「メガネビル」を「ＡＬＯＯＫ（アルク）」で統一するのであれば、アルタ横の店舗の売上がダウンすると考えられていたのです。

そこに現れたのが「眼鏡市場」の新規オープン構想です。こうして「メガネビル」は、半分を「ＡＬＯＯＫ（アルク）」、残り半分を「眼鏡市場」の複合店舗ビルとして出店することになります。

２つのブランドによる複合店舗とはいえ、地下１階から地上８階までのすべてをメガネで埋め尽くした「メガネビル」が新宿駅前に誕生したのですから、ニュースバリューはあ

新宿東口本店の構造

9F　事務所
8F　加工
6～7F　検査
4～5F　眼鏡市場
1～3F　ALOOK
B1F　お渡し
alook
alook
alook

りました。

もともと「メガネトップ」の広告塔として構想したこともあり、「メガネビル」のオープンをなんとかマスコミに取り上げてもらおうと、広報担当は一生懸命に働きかけました。オープン前に内覧会を開催し、すべての取引先へ案内状を出して必死のＰＲを行いましたが、自分たちだけではパブリシティのノウハウが不足していると感じ、広告代理店へ依頼して業界の内外へ告知しました。

その甲斐あって、オープン当日は、テレビ東京系列の報道番組「ＷＢＳ（ワールドビジネスサテライト）」にも取材に来てもらいました。といっても「「メガネトップ」の広告塔ができました」とか「「眼鏡市場」の東京本店がオープンしました」では、報道としてバリューに欠けるとのことで、報道された内容は「メガネ激戦区の新宿にメガネビル登場」といったトーンになりました。

それでも「ＷＢＳ」の広告効果は大きく、その後しばらくは、新宿東口駅前の交番に「メガネビルはどこですか？」との問い合わせが相次いだそうです。その話を聞いた社員の一人が、のちに交番まで御礼を言いに行ったとのエピソードも聞いています。

ちなみにこのビルは、２００６年のオープンから「眼鏡市場」と「ＡＬＯＯＫ（アルク）」の複合店舗として展開してきましたが、２０１８年には「眼鏡市場」だけのビルにリニューアルしています。

ここにはメガネのほか、コンタクトレンズやメガネ雑貨、そして今後の高齢化社会を見据えた補聴器専門のフロアなどを用意しています。８階に設けた補聴器フロアは「眼鏡市場」最大級のもので、お客様の状況を勘案して、バリアフリートイレや防音室などの最新設備をそろえました。

「追加料金なし」の信頼性を上げるためのＴＶＣＭ

「眼鏡市場」の「追加料金なし」つまり「レンズ込みで1万８０００円（税抜）」というコンセプトは、強力な集客となるキャッチコピーでしたが、どんなに秀逸なコンセプトでもお客様のもとに届かなければ意味がありません。

10月の14店舗一挙オープンの際には、通常の何倍ものテレビコマーシャルを流して告知しましたが、テレビコマーシャルの放送からしばらく経つと客数が落ちついてきました。

そこで「追加料金なし　レンズ込みで1万８０００円（税抜）」を周知するテレビコマー

シャルを、改めて制作することになります。

問題は、どのようなコマーシャルにするか、です。

立ち上げ当初は、露出量を増やすことに投資したかったので、タレントは使わず、CGによるデザインで新しさをアピールしました。

しかし、長く続けていく店舗として「眼鏡市場」ブランドを好きになってもらうためには、やはりタレントの親しみやすさは効果的です。

もともと私たちの会社は、タレントを起用したテレビコマーシャルに定評のある企業でした。「メガネトップ」時代には、武田鉄矢さん、藤田まことさん、松平健さん、ジャン・レノさんといった、メガネの似合うミドルシニア世代の男性タレントを起用して、安心感や信頼感を伝えてきました。

また、タレントをイメージキャラクターにしたフレームを企画して、商品販売と連動したテレビコマーシャルも行っていました。そういった「メガネトップ」時代から得意としている、タレントを起用したテレビコマーシャルのノウハウを使わない手はありません。

ほどなくして「眼鏡市場」の新しいテレビコマーシャルに、タレントを起用することは決まりましたが、そこでまた、初めてのコマーシャルタレントを誰にするかに相当悩みました。

最終的に選ばれたのが元ＴＢＳアナウンサーの生島ヒロシさんです。

生島ヒロシさんを選んだ理由は、「眼鏡市場」がこれからどんどん増えていくという「ニュース」を、より信頼性の高いものと視聴者に感じていただけると思ったからです。「眼鏡市場」の誕生とコンセプトの新しさ、勢いのある店舗展開を、まるでニュースのように伝えてもらうことを意識しました。

現在の感覚でいえば想像しにくいのですが、当時「追加料金なし」というコンセプトは、従来のメガネ店でメガネを購入されてきたお客様からすると「信じられない」「何か裏があるのでは?」と信憑性を疑われるほどのインパクトであったため、そこで、誠実なイメージであるニュースキャスターの生島ヒロシさんに「もうメガネに5万円も10万円も支払う必要はありません。これからは2万円でお釣りがきます」と語ってもらうことで、魅力がスムーズに伝わると考えたのです。

この考えはぴたりと当たって、生島ヒロシさんのコマーシャルが放送された２００６年12月から、客数が再び伸び始めます。

やはりテレビコマーシャルにおけるタレント起用は「眼鏡市場」に合っていたのです。

ペ・ヨンジュンさんをテレビコマーシャルに抜擢！

生島ヒロシさんのテレビコマーシャルは、翌2007年3月までの契約でした。同じテレビコマーシャルを流し続けると、視聴者の方が見慣れることでインパクトが薄れてしまうと考え、4月からは新たなコマーシャルを制作する検討を始めました。

次のタレントを誰にするか——広告代理店との打ち合わせのなかで、思ってもみなかった人物の名前が急浮上します。

日本のお茶の間で人気が非常に高く、他社のコマーシャルにあまり出ていないので新鮮さがあって、笑顔が明るくて誠実なイメージで信頼感があって、なによりも普段からメガネを掛けていて、メガネのコマーシャルにぴったりな人物です。

名前はペ・ヨンジュン——韓国のテレビドラマ『冬のソナタ』の主人公を演じて、日本に韓流ブームを巻き起こし、一躍大スターになった俳優です。ちょうど2007年1月から日本のテレビで『冬のソナタ』の再放送が始まるとあって、話題性も十分でした。

そしてなにより、ペ・ヨンジュンさんは劇中でもプライベートでも、メガネ姿の似合うタレントとして有名でした。

日本ではまだ、メガネに対するネガティブな印象が残るなかで、メガネをファッションアイテムとして身につける韓国から来た王子様系のメガネタレント「ヨン様」は、まさに「眼鏡市場」のイメージキャラクターにぴったりでした。

しかし、ペ・ヨンジュンさんを選ぶには一つだけ問題がありました。彼との契約は、当初の予算案を大幅にオーバーしていたのです。

広告代理店が私たちの会社の予算に合わせて用意するリストには、数多くのタレントが掲載されており、通常はそのリストのなかから選ぶのですが、「参考までにこんな方もキャスティングできます」と提示された別のリスト中に、ペ・ヨンジュンさんの名前と写真があったのです。広告効果を期待して思いきって投資するか、今までどおり予算内で進めるべきか、悩みどころでした。

最終的な決め手となったのは、冨澤昌三の言葉です。

「おれは最近のタレントをよく知らない。でもペ・ヨンジュンならおれでも知っている。おれでも知っているということは、日本国民のほとんどが知っているということだぞ。契約は高いかもしれないが眼鏡市場にはそれだけの価値がある。これから日本全国に出店していくなかで早く知名度を上げるためにも、ここはひとつ勝負をかけてみようじゃないか。彼ならきっと話題になってイメージアップにつながるだろう。それに、ヨン様なら家族の家計を握る主婦層にアピールできる。今までのメガネトップにはない選択肢だが、それだけに、新しさがアピールできるだろう」

冨澤昌三の読みは当たりました。

ペ・ヨンジュンさんを起用した「眼鏡市場」の新しいテレビコマーシャルは、4月に放送されると、たちまちお茶の間の話題となり、「眼鏡市場」の認知度とイメージをおおいに高めてくれたのです。

さらに、ペ・ヨンジュンさんの起用で良かった点は、女性のファンが多いことでした。メガネ店というのはもともと男性客が多いので、「メガネトップ」では男性タレントを多く起用してきたのですが、その路線では新しい客層が広がりません。

視力の変化に男性も女性も関係ないので、実は女性客だって決して少なくはないはずです。外にいるときはコンタクトレンズを装用している女性も、家の中ではメガネで過ごすこともあります。

ペ・ヨンジュンさんは、これまでの「メガネトップ」には少なかった女性客を大勢連れてきてくれました。「眼鏡市場」がナンバーワンのメガネ店になるためには、男性客ばかりでなく老若男女すべてへのアプローチが必要でしたから、その意味でも、この起用は大当たりでした。

テレビコマーシャルのカット・絵コンテ

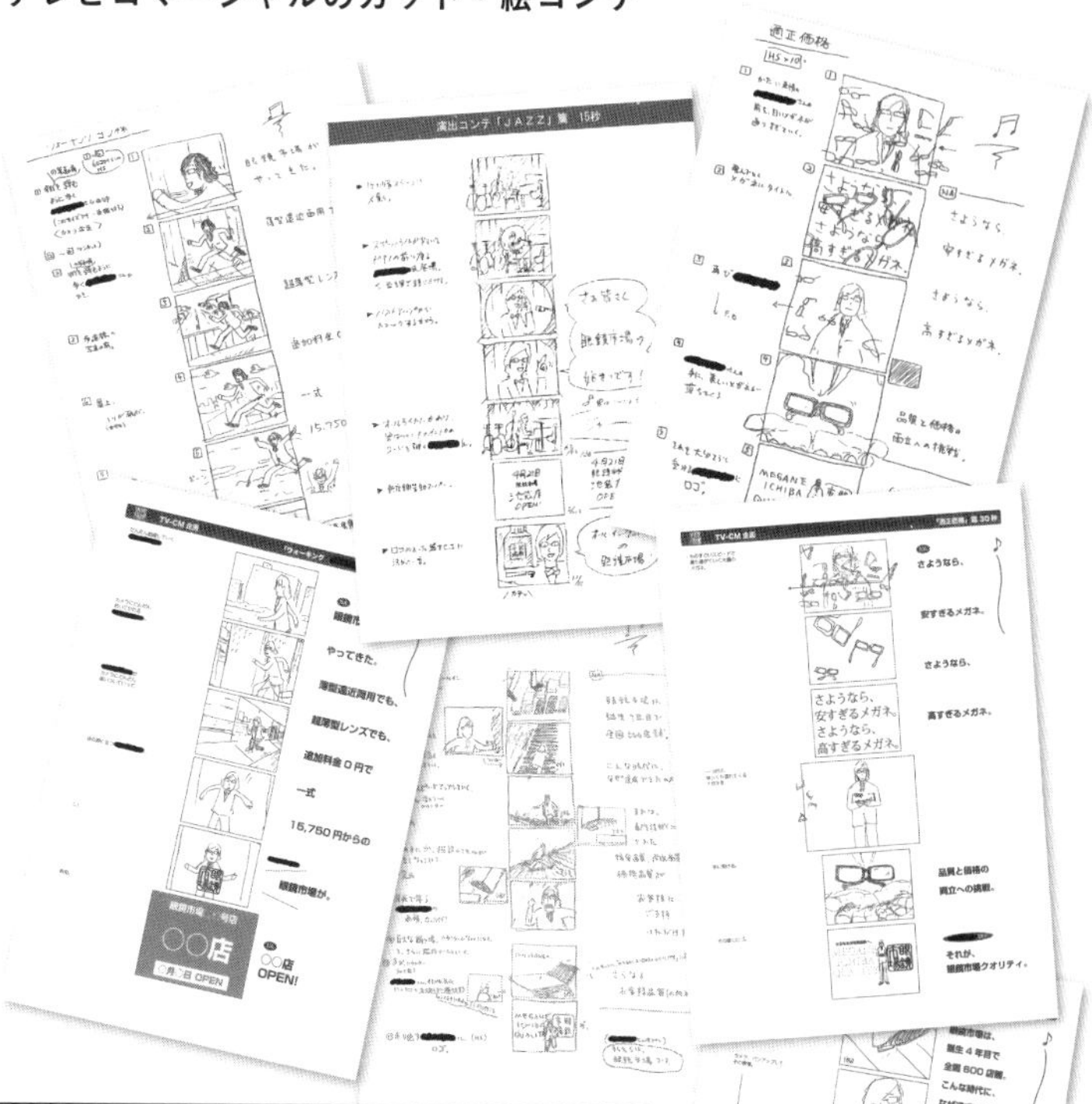

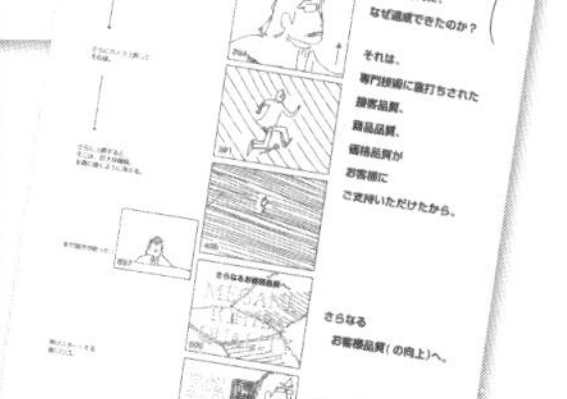

実は、ペ・ヨンジュンさんの撮影にはちょっとした裏話があります。

韓国人タレントであるペ・ヨンジュンさんは普段は韓国に住んでいます。また非常にスケジュールが忙しいことと、慣れ親しんだスタジオが良いとの希望もあって、コマーシャルの撮影は韓国のスタジオで行われました。

4月にテレビコマーシャルが放送されると、「眼鏡市場」がペ・ヨンジュンさんとコマーシャルタレントの契約を結んだことが日本全国に知れ渡ります。

そして3カ月後、テレビコマーシャル2度目の撮影が開始されると、日本から追っかけの女性ファンの方々が、韓国の山奥にあるスタジオの入口で出待ちをしていたのです。

ペ・ヨンジュンさんは、そんなファンの方々に優しく声を掛けて、サインや撮影に応じていましたが、私たちはファンの方々の行動力にすっかり度胆を抜かれ、茫然としてしまいました。

さらに驚いた出来事は、初回コマーシャル撮影時にメイキング映像を撮り、それを店舗で販売促進用のビデオとして流していたのですが、それに対するクレームでした。

何かといえば、当社の女性スタッフが、ペ・ヨンジュンさんと一緒にメガネを選んだり、御礼の花束を手渡したりしていたのですが、妙齢の日本人女性がペ・ヨンジュンさんと馴れ馴れしくしているのが許せなかったファンの方もおられたのです。お客様相談室には「あの女性の姿を見ていると気分が悪くなる」「コマーシャル撮影に女性を同行させないでほしい」などの声が届いてしまいました。

以来、ペ・ヨンジュンさんの映像や写真を撮影するときには、絶対に女性スタッフが一緒に映らないように注意を払ったものです。

それくらい、当時のペ・ヨンジュンさんの人気は常軌を逸していました。

ペ・ヨンジュンさんとのコマーシャル契約は、その後２０１０年まで3年間継続しました。私たちにとっても、そしてペ・ヨンジュンさんにとっても、お互いに良い仕事になったと思います。

次から次へと出店が決まっていく

２００７年度「眼鏡市場」は、年間３１９店舗を出店しました。

もちろんそのうちの多くは「メガネトップ」店舗からの業態転換だったわけですが、それでもひと月に平均すれば27店舗です。多い月では50店舗近くを出店しているので、担当者にとって大変な年になりました。

「眼鏡市場」がそこまで急激な成長を図ったのは、「追加料金なし」のコンセプトに他社が追いついてこないうちに、全国を制覇したかったからです。ここが勝負どころと多少の無理をしてでも拡大しました。

その結果２００８年3月には、全国のメガネのワンプライス・ショップで、ナンバーワンの店舗数を実現しました。

その頃のテレビコマーシャルを見ると、メガネを掛けてスーツを着たペ・ヨンジュンさんが、きれいな日本語で「まだ、レンズの価格が、心配ですか?」と問いかけ、そのあとに日本人のナレーターが「眼鏡市場はユーザーの約8割が気にしているレンズ価格の不安をなくしたオールインワン・プライス」と続けます。

さらにペ・ヨンジュンさんが「だから、選ばれています」と教えてくれて、ナレーターが「おかげさまで、わずか1年半で、ワンプライス・ショップ店舗数ナンバーワン」と誇らしげに宣言しています。これはもちろん、お客様の支持があり「うちの地域にも出店してほしい」との声があって初めて実現できたことです。それに続けての、ペ・ヨンジュンさんの「ありがとう」という台詞が、私たちの気持ちをすべて代弁してくれています。

新しいエリアに出店するにあたっても、テレビコマーシャルでオープンを告知しました。このようにテレビコマーシャルは、私たちからお客様へのメッセージを伝える場として非常に有効に機能していました。

できるだけ多くのお客様にコマーシャルを見てもらうために、一つのテレビコマーシャルが同じ電波で届けられるエリア内に複数の店舗を同時に出店する戦略をとっていましたが、リニューアル工事を受け持つ施工業者さんも同じエリアに固まってしまい、常に業者さんの不足に悩まされました。一つのエリアで手の空いている業者さんの数、また一度に求人できるスタッフの数も限られていたため、どうしても都合がつかないときは、そのエリアの出店数を減らしたこともありました。

さらに日本全国に展開するとなると、それぞれの地方の特性も考慮して計画を立てなければなりません。例えば、冬の北陸、東北、北海道は積雪で工事が遅れたり、お客様が来店されなくなったりするので、冬の出店をとりやめました。地域によっては春や秋に長雨に見舞われたりもすることもあり、担当者は日本全国の気候にも詳しくなりました。

全体的にいえば、雪の影響が少ない西日本や九州の展開が早かったように記憶しています。テレビコマーシャルで告知をする都合上、コマーシャルの放送料金が高い関東地方や関西地方は後回しにして、中国地方と九州地方の出店を早めました。

走りながら考えるような状況だったので、スケジュールに空きが出たり、良い物件が見つかったりした場合には、突然予定を繰り上げて調整することも多く、社内全体が慌ただだ

1号店オープンから1年間の出店数推移

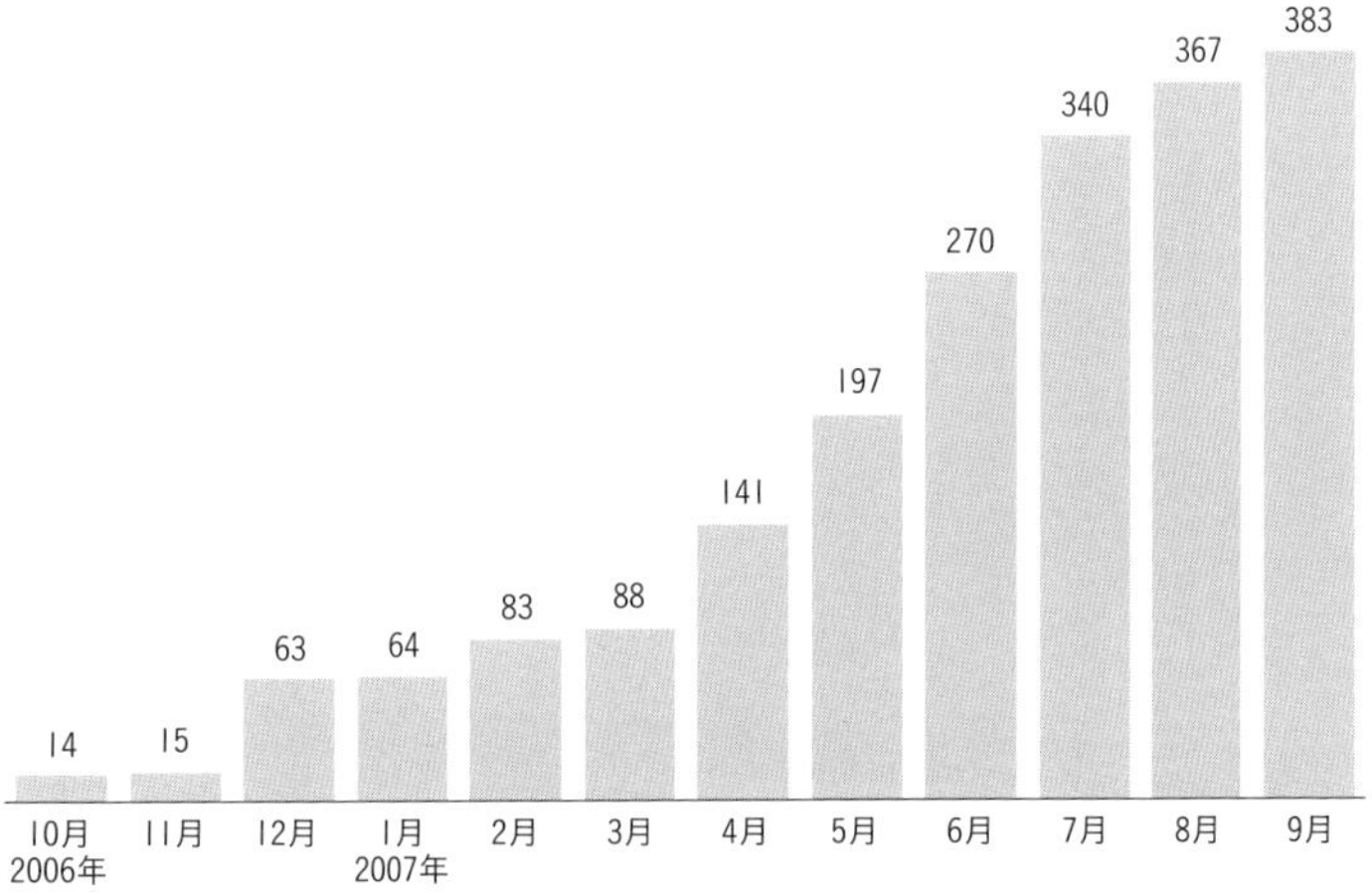

しく動いていました。

当時、関西ブロック長であった高村徳弘は、２００７年12月オープン予定の新店準備をしていました。ところが、２００７年４月に本社から連絡があり、京都の目抜き通りにあたる四条通で好立地の物件が契約できたからと、急遽６月にオープンしてほしいと言われ、たいへん慌てたことを覚えています。

新規出店分のスタッフを大急ぎで雇わなければならないので、高村は求人広告を大々的に出して、毎日のように面接を行っていたそうです。採用活動だけでなく、業態転換する「メガネトップ」の閉店セールもありましたし、「眼鏡市場」のオープンセールもありました。さらに、同時に出店する店舗物件も探さなければなりません。

この京都の新店と「メガネトップ」から「眼鏡市場」への業態転換を合わせると、6月の1カ月間で20店舗が関西ブロックでオープンしましたが、その当時は目を回しながら必死で働いていたとのことです。

当時、人事企画部長を務めていた林伸一からも採用活動の苦労話がありました。

「本当につらかった。よく乗り切れたと思う。業態転換に伴い年間1000人以上の採用が必要となったのですが、人事企画部の担当者は2名で、採用費はメガネトップ時代からの据え置きでした。相場の10分の1以下で相談したときには、リクルート企業に呆れられたものです。とにかくできることをやり続ける日々で、掲載無料の媒体があれば、細かな内容確認もせずに申し込んでいました。そんな状態でしたので社内からの評判も悪くなり、採用が間に合わない不安を常に抱えていて、そんな日々が続くことが本当につらかったです」

店舗開発本部長の松田成明も次のように語ります。

「新規出店や業態転換は店舗開発部の仕事なのですが、あまりにも人手が足りないので、すでに定年退職していた方を呼び戻して、契約社員として1年間働いてもらっていました。

それでも案件が多過ぎてとても仕事が回らないと、毎日のように徹夜状態で働いておられたのを覚えています。大変そうなので手伝いたいのですが、現場を見て現況チェックをして図面を書くというのは専門的な仕事で、経験がないとできないのです」

　その記憶は高村にもありました。

「メガネトップ時代は月商３００万円だった店舗が、眼鏡市場に業態転換したとたん3倍以上の月商になるのです。同じ人数のスタッフではとても仕事が回りません。お客様へ当日のうちにメガネを渡すことができず、後日来店いただく約束をして、スタッフが必死にレンズの加工をしていました。店舗でも定年退職した人に手伝いに来てもらっていた思い出があります。もちろん店長はほとんど休みがとれません。店舗からの悲鳴を聞いて人を雇うのですが、メガネ店で働いた経験のある人の採用では足りず、未経験の方を採用することもありました。仕事を教えるにしてもすぐには覚えられませんから、結局、店長が現場に出て仕切っていかねばなりませんでした」

　当時、眼鏡事業部長の村田直久も苦笑しながら振り返ります。

「とにかく皆さん、ろくに休みもとらず、本当によくやってくれたと思います。それができたのは、やはりメガネが売れるという結果がついてきたことが大きかったのでしょう。頑張れば、頑張っただけ成果が上がって、お客様に喜んでいただける——そういった楽しさは確実にあったと思います。そして、その成果によりスタッフの皆さんの給料も着実に上がっていった記憶があります」

そのようななかでも、「メガネトップ」の旧店舗に対する愛着をもつスタッフから「売上の高いメガネトップの店舗は眼鏡市場に業態転換せずに、そのまま残してくれないか」との要望が上がりました。

確かに「メガネトップ」のままで大きな利益の出ている店舗もありましたから、下手にいじらずにそのまま残す手もあったと思います。しかし冨澤昌三は首を縦に振りませんでした。

「もうメガネトップの屋号や従来の売り方では、お客様からの信頼を得るのは難しい。たとえ今は売上が上がっていたとしても、このまま続けたら先細りになるのが見えている。まだお客様が来てくれているうちに眼鏡市場に変えてしまったほうがいい。それに、メガネトップと眼鏡市場の屋号２つを残すと、どちらがメインになるかで争いが起きてしまう。全社一丸となって邁進するためにも、眼鏡市場という一つの屋号でまとまったほうがいい。全員で一つの目標に向かうことが成功の近道なんだ」

もっともな意見でした。

こうして一時代を築いた「メガネトップ」の店舗は日本から姿を消し、代わりに「眼鏡市場」の店舗が日本中を覆うようになります。

２０２１年６月には目標としていた国内１０００店舗を達成しました。もちろん日本のメガネ店でナンバーワンの店舗数です。「メガネトップ」の店舗数は３０９でしたので、「眼鏡市場」誕生からの15年間で3倍以上になりました。

コラム　創業秘話　～始まりはメガネの平和堂～

１９７６年、私の父であり、株式会社メガネトップ創業者である冨澤昌三が、出身地の福井を離れて静岡にメガネの「平和堂」を開いたとき、日本全国に１０００店を超える店舗を擁してメガネ業界でナンバーワンの売上を誇るメガネチェーン企業を作ろうなんて考えてはいませんでした。

そもそも福井市でサングラスの卸業をしていた父が、静岡でメガネの小売店を開くことになったのは、１９７３年のオイルショックに始まる不景気が原因でした。

不景気で取引先がどんどん倒産し、不渡り手形を何千万円も抱えてしまった父は、手形商売に嫌気がさし、現金商売ができる小売業への転換を試みます。

しかし、メガネ産業で働いている者の多い福井では、メガネは買うものではなく、知り合いからもらうものだといわれていました。そのため福井でメガネの小売店は難しいと考えた父は、福井を離れて静岡に小売店を開きます。

静岡を選んだのには、東京や大阪では競争が激しく、自分のような田舎者は騙されるかもしれないというイメージを抱いていたことと、静岡は人口の多い大都市であり、冬に雪に覆われることもなく気候が良くて住みやすく感じた、という理由がありました。

いずれにせよ「のんびりと平和にやっていきたい」との思いを込めて、店の名前を「平和堂」としたくらいですから、がつがつとビジネスでのし上がっていこうとは考えていなかったのです。当初は激安ディスカウントストアではなく、定価販売の普通のメガネ店でした。

創業当時、まだ私は生まれていなかったのですが、姉２人がすでに小学生になっていたので、家族４人で近所のマンションや一戸建てにチラシを入れて回ったこともあったそうです。

お客様の立場に立った誠実な商売で、２年後には2店舗目の店を出すことになります。

そのように「のんびりと平和」にやっていた「平和堂」が、変化せざるを得なくなったのは、競合の出現でした。

時代の流れで、静岡にもメガネディスカウントの大型チェーンが進出してきて、「平和堂」のような定価販売の普通のメガネ店は、軒並み売上を落としてしまいました。

当然、静岡のメガネ店は組合で対抗措置を考えるのですが、父の考える思いきった改革案はすべて拒否されました。

古くからの固定客がついていた老舗が多く、そこまでの危機感がなかったのでしょう。

しかし、開店して数年しか経っていない「平和堂」は売上が75%も減少しており、このまま指をくわえて見ていることは死活問題になりかねません。そこで父は、自らもディスカウント店への転換を図ります。

しかし、組合はディスカウント店が増えるのは好まず、取引をしているメガネの問屋に圧力をかけて、ディスカウント店には商品を卸さないように話をつけていました。

大型のディスカウントチェーンは大口の取引客なので、なんとか商品を仕入れることができるのですが、個人店は力が弱いので、「平和堂」はメガネ問屋から商品を卸してもらえなくなってしまいます。

そのため、組合に加入している個人店は、どんなに大型ディスカウントチェーンにやられても、対抗措置としてメガネを安く売ることはできませんでした。

それでも父はディスカウントに踏み切りました。そうでもしなければ、店舗を維持していくことができなかったからです。

当時、店舗数が1店舗増え3店舗を経営していましたが、「平和堂」の名前を捨てて、店名を「メガネセンター」と変えて、メガネのディスカウントストアを始めました。

平和堂

しかし、「メガネセンター」としてメガネのディスカウントを始めたところ、すぐに組合から問屋に圧力がかかり、それまでの仕入れ先11社のうち9社が取引を断ってきました。こうして、組合を敵に回した父の、たった一人の戦いが始まったのです。

もう「のんびりと平和に」などとは

言っていられませんでした。競合店、組合、そしてメガネ業界の古い慣習、すべてがビジネスで打ち勝たねばならない相手でした。

減ってしまった取引先は、「平和堂」を始める前、サングラスの卸業をしていた頃の取引先に声を掛けることでカバーしました。ディスカウントストアに転換したことで、一時は50万円まで落ち込んだ月の売上は２００万円、３００万円と伸びていきました。

数は力になりますから、父はどんどん投資をして店舗を増やしていきました。売上を増やして大口の仕入れができるようにならなければ、商品を卸してもらえなくなるリスクがあったからです。

その戦略はうまくいき、店舗数は１９８０年には9店舗にまで増えます。

その後は全国展開を視野に入れ、「メガネトップ」を設立し、店名を「メガネセンター」へと改称します。当時、「メガネトップ」という名前のメガネ店があちらこちらにあったため、全国でメガネチェーンをやるのであ

マスコットキャラクター・トップちゃん

れば、トップになりたいとの思いを込めた名前に変えたのです。

まずは静岡市のトップを、次に静岡県のトップとなり、それから東海地方のトップ、日本全国でのトップ、最終的には全世界でのトップを狙いたいという、壮大な目標をもった会社名でした。そして、改称して4年後には「メガネトップ」は50店舗を数えるほどに成長を遂げるのです。

２０２１年現在、「眼鏡市場」と4度店名を変えた「メガネトップ」は、日本のトップになりましたが、全世界のトップを狙う戦いはまだ始まったばかりです。

創業者の志を忘れずに、メガネトップは高い目標に向けて走り続けていきたいと思います。

第2章

カリスマ創業者退任――
誕生！　28歳の２代目社長

突然、告げられた社長交代

「少し早いが、メガネトップに入社してくれ」

父である冨澤昌三の声が掛かり、２００５年1月、私はメガネトップに入社することになります。私は１９８１年2月生まれなので、23歳の頃です。

前年２００４年にメガネトップの業績が赤字に落ち込んだため、冨澤昌三が再び営業本部長を兼任し現場指揮を執っていた頃になります。

当時、大学を卒業して広告代理店で働いていた私としては、父親が社長とはいえ、メガネ業界のことは何も知らないのですからゼロからのスタートでした。

最初に経営企画部で会社のことを学び、翌年の２００６年4月からは子会社のフィットミーの代表取締役社長を務め経営者として経験を積みました。同年7月からは、「メガネトップ」の営業本部副本部長として「眼鏡市場」の立ち上げに関わります。

以降、２００７年6月からは常務取締役として「眼鏡市場」の成長と拡大、そして社内のマネジメントを担ってきました。

すでに述べたように、２００７年から２００８年にかけての一年間で３１９店舗を出店した「眼鏡市場」は、お客様にはたいへん喜ばれていたものの、従業員は過酷なスケジュールと人員不足が相まって疲弊していました。そのためか、離職する従業員の増加が経営課題として取りざたされるようになります。

その一方で、会社設立から28年を経て、従業員の声を経営に反映する目的をもった労働組合を発足します。その後も労務環境の改善を図りながら、２００８年度の業績は、年間売上高でメガネ業界2位までに成長しました。

業界首位の「パリミキ」に追いついて追い越すまで、あと一歩です。

その２００８年4月のことです。6月の株主総会へ向けた打ち合わせ中に、父である冨澤昌三から、突然こう言われました。

「まだ少し早いかもしれないが、来年からおまえに社長になってもらおうと考えている」

さすがに驚きました。

私は一人息子ですから、いずれは会社を継ぐことになると覚悟はしていました。

しかし、２００８年当時、父はまだ64歳で精神的にも肉体的にも元気で衰えは見られず、一方で私は、まだ27歳で、常務の肩書きを頂いているとはいえ、まだまだ覚えなければならないことが山ほどあることを、日々実感していた最中でした。

ですから社長交代があるとしても、父が70歳を過ぎた頃だと勝手に考えていたのです。

「なぜ今なのでしょうか？」

　心の準備が出来ておらず困惑気味に尋ねた私に対し、父は、こう答えました。

「事業承継が失敗するケースというのは、前社長が突然倒れるなどで前もって準備をしていない場合に多い。後継者が決まっているならば早めにバトンを渡して、しっかりと引き継ぐことが会社にとってプラスになる。何事もそうだが、特に社長業というものは、実際にその立場に就いて経験を積みながら学んでいくのがいちばん良い。それに万一、新社長が失敗をした場合にも、私が元気なうちであればリカバーできるし、失敗と修正の経験を積ませることができる。それが社長としての成長につながるものだ」

　とてもありがたい話でした。社長交代といっても、父が会長の立場から、しっかりとサポートしてくれるとのことですから安心感がありました。そうであれば、精一杯、自分なりに努めようと決心しました。

　実際の社長就任は、翌２００９年6月の株主総会と取締役会において正式に決定しました。その時点で、私は28歳です。

　当時は、東京証券取引所一部上場企業のなかで歴代最年少社長が誕生したと話題になりました。

生まれたときから見ていた社長の背中

振り返れば、私自身、いつしか会社を継ぐのだろうと考えていました。

両親からすれば、長男として生まれた私には、生まれたときから後継者として会社を背負うことを期待していたようです。

長女は、私が生まれるまでは「自分が会社を継がなきゃいけない」と漠然と思っていたそうで、そのため冨澤家にとって待望の男子だったと聞いています。

小学校にあがるまでは、会社経営の意味もよく分かっていませんでした。

そもそも父が会社経営者であることもあまり気にしていませんでしたし、そのようなことを聞かされた記憶もありません。

とはいえ、周りの友人と比べて恵まれて生まれたことは、少なからず感じていました。

通っていた小学校の友人を家に呼んで遊んだり、友人の家に遊びに行ったりするなかで、「お家広いね」とか「お金持ちだね」と言われることが多かったからです。

中学校に進むと、事情を知っている一部の友人から「社長」と冗談で呼ばれることもありました。その頃には私自身も、将来は会社を継いで社長になることを意識していたのを覚えています。

「社長を継ぐ」という意識をもった要因の一つに、正月の出来事があります。毎年正月には父が家にいて、従業員の方々が年始の挨拶に来られるのですが、次から次へと見えるお客様に、毎回、父は頭を下げて挨拶を返します。私も父の背中を見ながら真似をして挨拶をさせられたのですが、父が数多くの従業員を抱えていることと、その従業員の方に失礼があってはならないという思いを少しずつもつようになりました。

高校生となり進路を決めるときには、父から「大学で経営を学んだほうがよい」と言われ、経営学部に進学することにしました。推薦で合格が決まったので、高校3年生になる頃には、時間に余裕ができて近所のコンビニでアルバイトを始めました。そこでは「働くこと」「お金を稼ぐということ」を経験させてもらい、有意義に過ごせたと思います。

東京での大学生活は、一人暮らしということ以外は、ありふれたものでした。

大学時代で思い出すのは、父と二人で北海道旅行をしたことです。私が幼い頃は、父は仕事が忙しくてほとんど家にいなかったため、あまり話したこともありませんでした。ですが私がお酒を飲めるようになると、一緒に過ごすことが多くなりました。

北海道旅行で記憶に残っているのは、たわむれで占い師に運勢を見てもらったところ、父は「理想的思考」で、私は「現実的思考」と真逆の診断が出たことです。その占いのとおり、今ではお互いにない部分を補い合う関係になっています。

　また、それまでは母親から聞いていた会社の苦労話を直接聞けるようになったのも、うれしいことでした。「メガネトップ時代に大規模リストラを行わざるを得ず、たいへん悩んだ」などの話は、いつも私の身をひきしめてくれます。

　大学卒業後は、父の推薦もあって広告代理店に入社したのち、23歳のときにメガネトップに入社しました。正直なところ私としては、もう少し広告代理店で学びたいこともあったのですが、いつかは会社を継ぐという意識もあり、また生まれてから今日までの私があるのは、すべて父の会社であるメガネトップのおかげですから、会社の危機を乗り越えるためにできることは何でもやろうという気持ちが強く、静岡に戻ることにしました。

カリスマ創業社長にはなれない

　すでに述べたように、私は28歳でメガネトップの代表取締役社長を任されました。

　もちろん「社長」としてはスタートラインに立ったばかりであり、教えを乞いながらの修行期間でした。そもそも、人は社長という肩書きを得ただけで、本当の意味で社長になれるものでしょうか。

もちろん会社組織ですから、従業員の方々は社長である私の言葉に従うのでしょうが、納得して従うのと、嫌々従うのとでは、仕事に対する気持ちの入り方がまったく異なります。

ですから、最初は肩書きから入ったとしても、ゆくゆくは従業員全員に認められるような社長にならねばならないと考えていました。

冨澤昌三は、裸一貫でメガネトップを創業し、全国にチェーン店をもつ会社にまで育て上げた立志伝中の人です。ゼロから会社をつくり上げた創業者は、人を率いる力や物事を見極める力が圧倒的に高く、カリスマ性をもっています。

では、二代目である私に、いったい何ができるでしょうか。

当時の私は、まだ若輩者で経験も不足していました。個々の仕事でいえば私よりもできる人が山ほどいるなかで、社長として、自分は何を期待されているのか常に考えていました。そして、それはおそらく短期的な今日明日のことではなく、長期的な視点で、次世代のメガネトップを築き上げていくことだと気づきました。

つまり、お客様のためにも従業員のためにも、メガネトップという会社が、ずっと続いていくように舵取りをするのが自分の役目だと改めて気づいたのです。

社長という肩書きを頂いたことで周囲からの視線も変わり、自分の言動が社内外へ社長のメッセージとして発信されるのですから、前にも増して責任感を強くもち仕事に向き合いました。

具体的な行動として、これまで店舗巡回などを通し従業員の皆さんと触れ合い、皆さんがどのような会社を望んでいるかを聞いてきた経験から、社内風土を変えて風通しのよい会社をつくっていきたいと考えました。

メガネトップは働きやすい会社だと多くの方が言ってくれますが、建前と本音は違いますし、現状を肯定することと理想を追求することも違います。

私から見ると当時のメガネトップでは、創業者の偉大さゆえに、会長の前で従業員が必要以上に萎縮しているような空気を感じていました。会長の指示に従うのは間違いではないのですが、会長と自分の考えが異なっていても意見を言えないとか、ミスをしたときに怒られるのが怖くて言い出せない、というような雰囲気です。

ですから、会長と一緒に店舗巡回に行くと、従業員が緊張しているのが伝わってきましたし、会長を意識するあまりに接客に集中できていないと思われる場面にも遭遇しました。

仕事ですので良い意味での緊張感は必要です。しかし、あまりにも萎縮されると、会長も現場の生の声を聞きたいのに、聞くことができなくなります。

その点、社長の肩書きを頂いたとはいえ、若く経験不足で「色々と教えてください」と言える私であれば、現場の空気感や従業員の生の声を聞くことができました。

そこが私の強みだと自覚しました。

また当時の本社には、他社から転職してきた方がそれぞれに派閥を作っていて、全社一丸となってのコミュニケーションをとりづらい状況もありました。包み隠さずに言えば、社内コミュニケーションに裏表が感じられたのです。そのような社内風土をなんとか変えていこうと心に留めていました。

社員のおかげで社長がいることを自覚

会長は、私と二人で話をしているときには、親子ですから親愛の情もありますし、ふざけた話をするような気さくな面もあります。

しかし、仕事に対して真摯で厳しいこと、高いハードルを越えることを常に求める姿勢、創業者というカリスマ性があることで、従業員からすると近寄りがたい存在になるのでしょう。従業員の声が聞こえなくなることは憂慮すべきでしたし、そこは私が手助けできる部分でした。

会社経営者だ、社長だ、なんていったところで、従業員が一人もいなかったとしたら、売上は一銭も上がりません。社長が社長でいられるのは、数多くの従業員の方々が、自分の持ち場を守ってしっかりと働いているからです。ですから私は、従業員の方々に心の底から感謝していますし、その気持ちをきちんと伝えるよう努めています。その繰り返しによって、社内で問題が起きたときには、私に相談していただける関係性が築けたのだと思います。

２００９年に社長に就任してからは、全員とはいえませんが、多くの従業員と接し、１０００人くらいの顔と名前、経歴を覚えることができました。

正確には、それ以前から知っている方も多いのですが、何年か前に店舗巡回で一度だけ会った方でも、顔を見ればそのときのことを思い出して会話することができます。

そして社長というのは、放っておくとどんどん偉くなってしまい、皆さんが話しかけづらくなるようなので、そうならないように意識しています。

例えば、本社ビルには社長室があるのですが、社長室にこもっていると従業員と接する時間が少なくなりますし、従業員側から見ても社長が何をしているのか分からなくなると考え、普段は使わないようにしています。社長室に入るのは、大切なお客様をお迎えして静かな場所でお話をしたいときだけにしています。

また、社長といっても役割が異なるだけで、会社の一員であることには変わりないのですから、朝は皆さんと同じ時間に出社し一緒に朝の掃除をしています。

もっと正確に言えば、社長は従業員のお手本にならなければいけないと考えているので、できるだけ誰よりも早く出社するようにしています。

こうして、同じフロアの皆さんに見える場所で一緒に働き、一緒に掃除をし、自分からも積極的に挨拶や声掛けを行うことで、誰からもすぐに声を掛けてもらえるように意識しています。

自らこのようなことを明かすのは恥ずかしいのですが、以前、とある若手の従業員から言われた言葉があります。

「狭い廊下ですれ違ったときに、社長に道を譲っていただいて感激しました」

私はあまり記憶にないのですが、確かに社内で歩いていてすれ違うときには、自分からよけて道を譲ることはある気がします（もっとも、たいていは「いや社長がお先にどうぞ」と言われてしまうので、ありがたく先に通らせてもらうことが多いのですが）。

それも、やはり従業員に対する尊敬と感謝の気持ちの表れです。

私は、たまたま創業者の息子に生まれついたというだけで、現場経験もなく、具体的な実績も上げないままに、二代目社長の座に就かせていただきました。今まで私が生活に困ることもなく、さしたる苦労もせず、快適な暮らしができているのは、この会社があるからで、実際に会社を動かしてくれているのは、私ではなく従業員の皆さんです。

なので、ふんぞりかえる気持ちになんて到底なれません。

ましてや、私が子どもの頃から会社を支えてくれている諸先輩方もいるなかで、偉ぶることなんてできません。

「現場の本音を知る！」全国店舗巡回

社長になって最初に意識したことは、全国の店舗の生の姿を知り、従業員の本音をきちんと聞くことでした。

社長になる前にも、会長と一緒に全国の店舗を巡回していたのですが、社長になってからは、会長と分かれて店舗巡回を行うことにしました。それによる新たな発見もありましたし、私と会長の違いについて考察を深める機会にもなりました。

会長は店舗巡回をすると、品揃えや商品の配置、内装やお客様の動線、チラシの内容についてまで事細かく指示を出します。

一方で私は、店舗でのメガネ販売に関する従業員の経験と知識を尊重します。皆さんに自分自身で考えてもらい、その意見を採用することで、同時に責任や重みも感じてもらいます。

会長は、自分一人でお店を始め、会社を築き成長させてきた0を1にできる人です。なので、私がやるべきことは、1を3に、5に、10にすることです。

もう一つ考えるべきことは、会長との役割分担です。

会長が営業などの攻めを得意とするなかで、私が社内マネジメントなどの守りを担当することで、バランスの良い会社が作れるようになりました。

実際、会長はとても攻めの経営に長けていて、状況に応じた意思決定のスピードがとても速い方です。会長に対して従業員から提案する機会も多々ありますが、ほんの少しの説明で概要を把握し意思決定されるので、かえって提案している側の理解が追いつかないこともあるほどです。

会長が社長だった頃は、そのような体制で突き進んでいたのですが、私が社長になってからは、間に入りクッション役として話を聞くことで、意思疎通の面が改善されたと思います。

店舗巡回に関しては、社長となった今も続けていますが、出店のスピードが速いこともあり、なかなか全店舗を視察することはできていません。いずれはすべての店舗へ出向き、すべてのスタッフに挨拶したいと思っています。

コラム　メガネの選び方を知っていますか？

メガネというものはシンプルに見えて、意外とたくさんのパーツが組み合わさってできています。なので、各パーツの大きさや太さ、長さなどの違いでも印象ががらりと変わりますし、加えて色や素材、レンズの形やサイズの組み合わせで、無限にも近い数のデザインが存在します。

そのため、普段からメガネを掛けている方は、ある程度自分に合うメガネが分かってくるようですが、メガネをほとんど掛けない方や、イメージを変えたくて普段と違うデザインを選びたい方からは、「どういうメガネが自分に似合うのか分からない」という声も聞かれます。

そこでこのコラムでは、メガネを選ぶ際のポイントをいくつかご紹介させていただきます。

まずは「サイズ」です。これについては言うまでもないでしょう。大き過ぎるとメガネがずれやすくなりますし、小さ過ぎるとこめかみにテンプルが当たり圧迫感や痛みが出る場合があります。「サイズ」が合わないことはさまざまな弊害につながるた

メガネの各パーツ

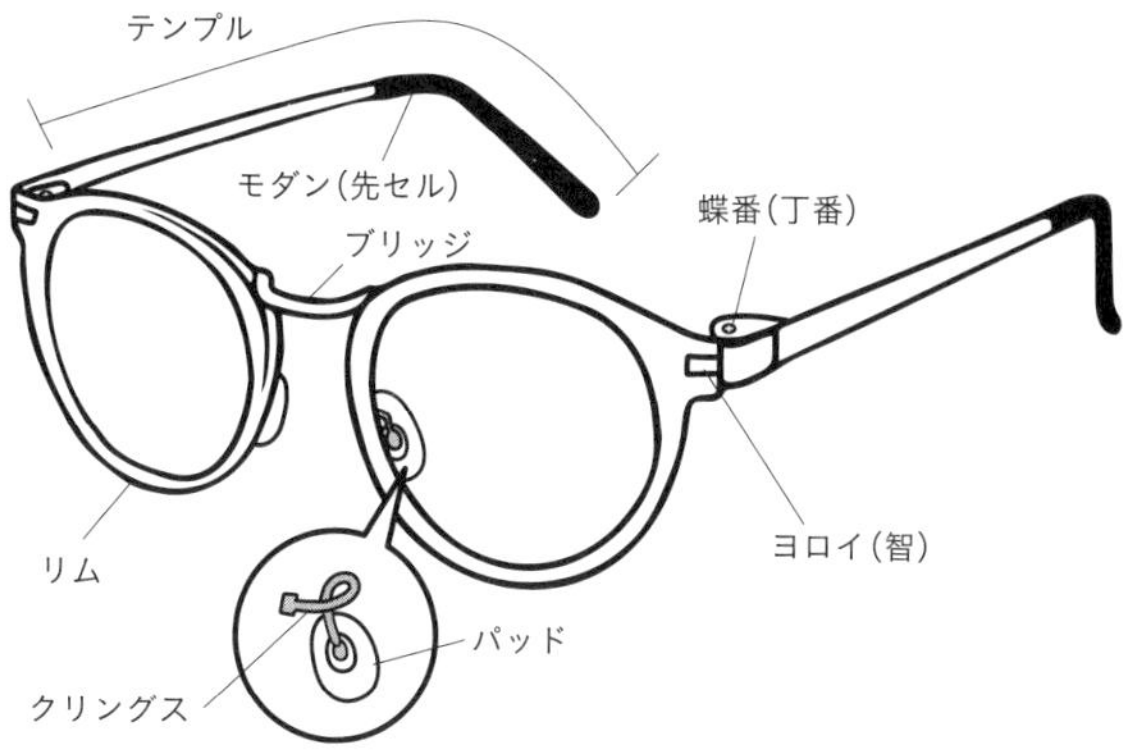

め、メガネを掛けたときにフロント部分の幅と自分の顔の幅が同じくらいに見えるフレームを選ぶことが基本となります。

　次に「レンズの形」です。レンズを囲み固定しているリムの形というほうが適切かもしれませんが、印象を変えるポイントとして「直線と曲線」があります。直線的なフレームはシャープに見えますし、曲線的なフレームは優しいイメージになります。直線的な形でも四角から六角、八角と線が多くなると形は丸に近くなり印象も柔らかくなります。曲線的なフレームは縦幅が細くなればなるほど直線的なフレームのようにシャープな印象を与えます。このように「自分がどのように見せたいか」を念頭に置いて形を選ぶと、よりなりたいイメージに近づけると思います。

そして「素材」です。素材は大きく「金属」と「非金属」の2種類に分けられます。金属製のフレームはチタンやアルミニウムなどがあり、硬く割れにくいというその特性から細くて繊細な加工を施すことができます。フレームが細く顔なじみも良いため、自然に見せることができます。非金属製のフレームでは、ウミガメの甲羅から作ったベッコウフレームや、水牛の角から作ったホーンフレームなどもありますが、最近はもっぱらプラスチック製の樹脂フレームです。樹脂フレームの特徴は、染料を混ぜることでさまざまな色を作ることができますが、その代わり、耐久性が金属に劣るのであまり細いフレームが作れません。そのためメガネの主張が強く、メガネをファッションのアクセントにしたい方におすすめです。

ほかにも、レンズを囲う「リムの形状」によっても与える印象に違いが出てきます。レンズを完全に覆った「フルリム」、レンズを覆うリムが存在しない「ツーポイント」、レンズの半分だけにリムを残した「ハーフリム」や「アンダーリム」と呼ばれるものなどがあります。レンズを囲む「リム」がないほうが、より素顔に近い印象となりやすいです。

最後に「色」ですが、髪色や肌、服の色に合わせると調和しやすいといわれています。女性であれば普段のメイクやアクセサリー、男性であればスーツやネクタイのカラーを思い出していただくとイメージしやすいと思います。

さらにメガネ選びに慣れてきた方には、個性的なメガネにもチャレンジしていただきたいです。過去に「眼鏡市場」では、テンプル（ツル）の部分がフォークやスプーンの形をしている食器シリーズ、同じくテンプル部分がスパナやドライバーの形をしている工具シリーズ、あるいはヨロイ部分がダブルクリップになっている文具シリーズなどの面白いメガネフレームを作ってきました。またテンプルが脱着できて、お客様の好みで日によって好きな色にできるメガネもありました。

左右のレンズの形が違ったり、大きな装飾が付いていたりする一見すると奇抜なデザインも、用途に適ってさえいれば実際に使われています。メガネの可能性は皆様が考えているよりもずっと広く、見え方の補正だけでなく「自分らしさ」の演出もしてくれるすばらしいものであると、私たちは考えています。

曲線的なフレーム

ラウンド（丸型）

知的でおしゃれな印象

ボストン（逆三角形）

顔になじみやすくソフトな印象

オーバル（楕円型）

親しみやすくナチュラルな印象

直線的なフレーム

スクエア（長方形型）
スタイリッシュでクールな印象

バレル（樽型）
クラシカルで個性的な印象

ウェリントン
（逆台形型）
かっちりとしながらもカジュアルな印象

リムの形状

ツーポイント

リムがないタイプ

ハーフリム

レンズの上半分にリムを
残したタイプ

アンダーリム

レンズの下半分にリムを
残したタイプ

眼鏡市場の面白フレーム

TOOL

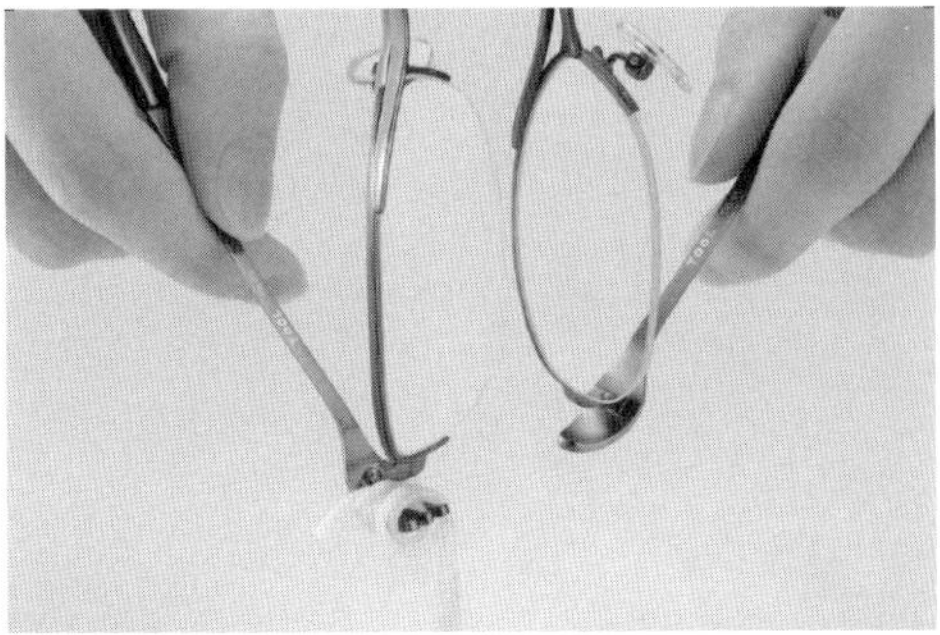

フォーク

スパナ

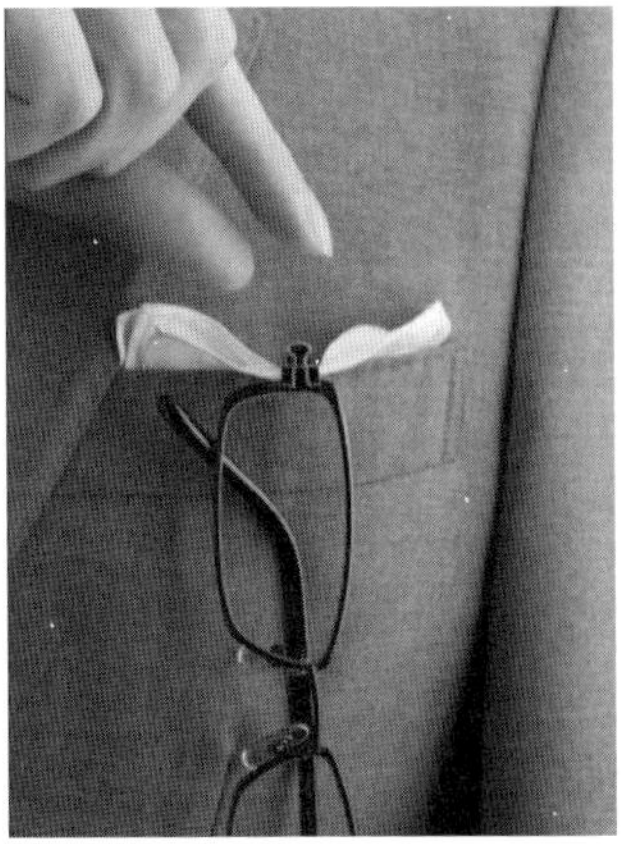

クリップ

第3章

試行錯誤を繰り返し、起死回生のヒット商品誕生

「メガ割」の失敗

２００９年５月には５００店舗目をオープンし攻勢をかけた「眼鏡市場」でしたが、このあたりから勢いが少し落ちてきました。

当初は、新鮮な驚きとともにお客様に迎え入れられたコンセプトも、３年間でだいぶ浸透したことで驚きが減ってきました。同様に、３年目に入ったペ・ヨンジュンさんのコマーシャルも、当初ほどには話題にならなくなっていました。

そのような時期に、低価格メガネを販売している「ＪＩＮＳ」が、２００９年５月から、一部のレンズに限定した「レンズの追加料金０円」を打ち出します。

この「ＪＩＮＳ」の「レンズの追加料金０円」は、限定された一部のレンズだけであり、「眼鏡市場」とは似て非なるものなのですが、打ち出し方など含めて競合他社の追随があったことは、裏を返せば、私たち「眼鏡市場」のコンセプト「追加料金なし」が、お客様に支持されていることを意味していました。

しかし、どんなに秀逸なコンセプトでも、それがメガネ業界のスタンダードに近づいてしまえば、他社との差別化や優位性の確保が難しくなります。私たちは２００９年の年末商戦を戦い抜くために、何か新たな手を模索しなければなりませんでした。

一般的なメガネ会社と眼鏡市場の「追加料金なし」の違い

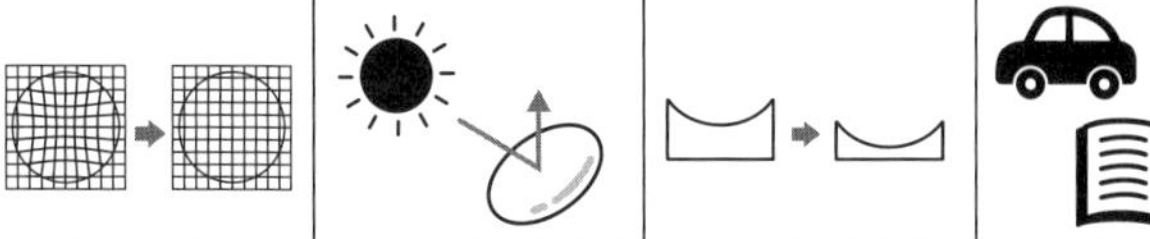

	非球面	UVカット	超薄型	遠近
眼鏡市場	¥0	¥0	¥0	¥0
J社	¥0	¥0	¥0	追加料金あり

競合他社のなかでも、特に勢いのある「ＪＩＮＳ」の強みは「低価格」です。

そこで「眼鏡市場」が展開したのが「メガ割」キャンペーンでした。

「メガ割」とは、「眼鏡市場」の価格が高く感じられるというお客様の声にお応えするかたちで、２００９年11月20日～２０１０年３月31日までの期間限定で、「単焦点レンズセット３０００円割引」を行ったものです。

税抜１万８０００円が１万５０００円になるので、当時の消費税５％を加えても１万５７５０円というリーズナブルな価格で、私たち「眼鏡市場」が自負する高品質なメガネを期間限定で提供する、というキャンペーンです。

当時「メガ割」のネーミングは、新鮮なイメージをもっていました。

ここ最近では、より大きなギガのほうがよく使われるようになりましたが、その当時はキャッチーで新しいフレーズでした。

テレビコマーシャルも、メガネを掛けている弁護士でありタレントの本村健太郎さんに登場してもらい、知的で信頼できるイメージを保ちつつも「メガ割」のキャッチーさをアピールしました。

その結果、２００９年12月の売上は前年を大きく上回り、お客様に喜びをもって受け入れられたことを実感しました。

ところが、その後は思惑通りには進みません。

キャンペーン終了後は、売上も集客も大きく落ちてしまいました。この経験から、私たちは値引きキャンペーンの限界を知りました。

確かに期間限定で値引きを行えば、そのときだけはお客様が増え売上も増加します。しかし、それは一時的なものにすぎません。

値引きキャンペーンが終わると、再度の値引きキャンペーンを期待しての買い控えも起きます。そうなればあとは、競合他社との間で際限のない値引き合戦に陥り、どんどん体力を消耗していくだけです。

恒久的にお客様に貢献し続けるためには、やはり商品やサービス、接客のクオリティを

レンズの種類ごとの「メガ割」対象レンズ

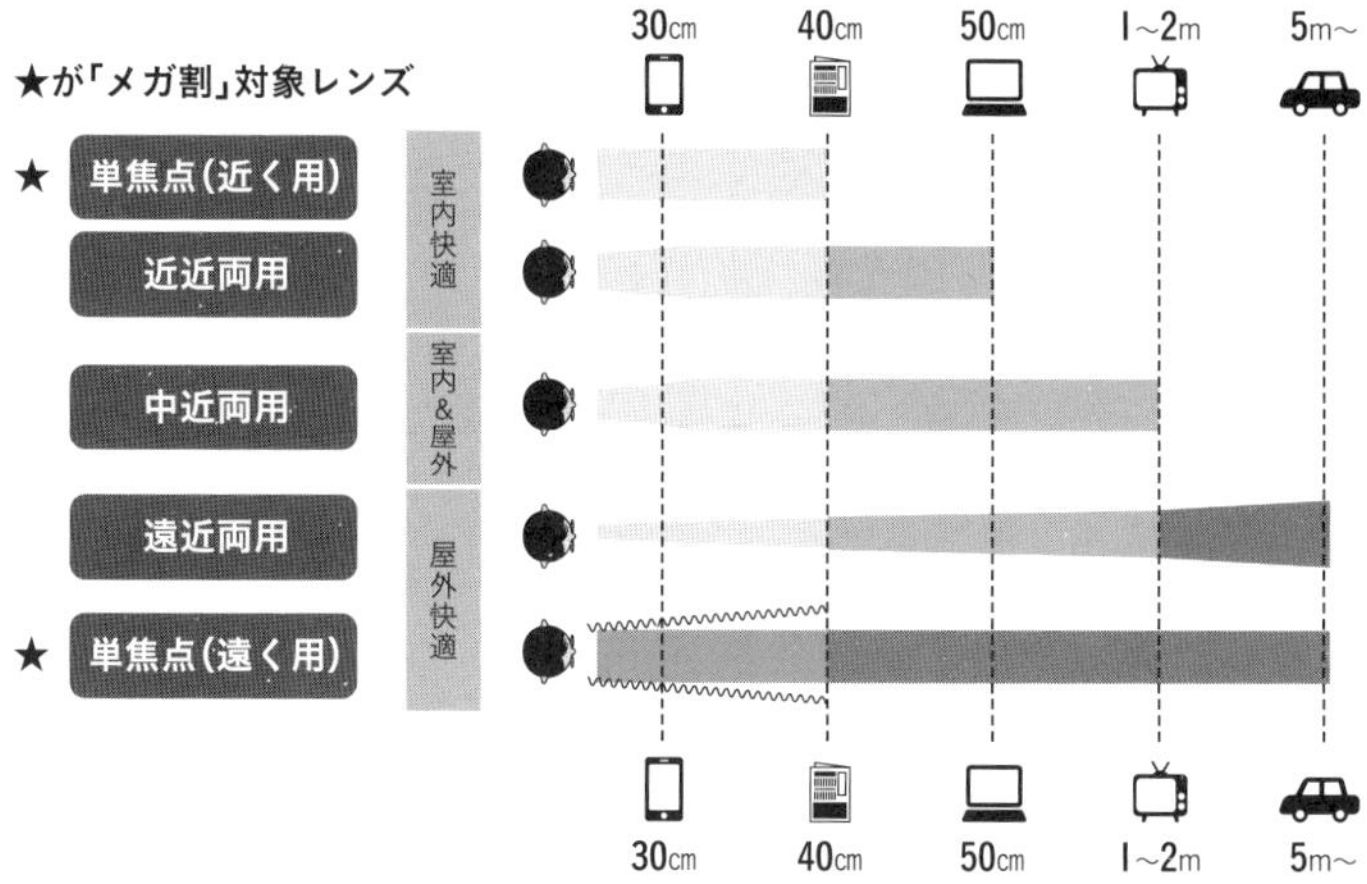

高めていくほかないのです。そのことに気づけたことが「メガ割」キャンペーンの一番の収穫となりました。

私たちには、「メガネトップ」時代にディスカウントによって大きく成長したという成功体験があるために、安易にディスカウントに頼ろうとしてしまう風潮がありました。

しかし、企業は同じことを続けていても成長を続けることはできません。それぞれの時代に合ったやり方を模索して対応していかねばなりませんし、そのために私が社長に選ばれたのだと改めて思いました。今でもこの「メガ割」の失敗は、社長業を行ううえで貴重な経験となっています。

ワンプライスの限界？　スリープライスへの転身

「メガ割」キャンペーンを行ったことで、１万５０００円というディスカウント価格に対して、お客様のニーズがあることは分かりました。

しかし、キャンペーンが終わるとお客様が少なくなってしまうことも経験したので、翌月の４月より、単焦点レンズに限定した値引きキャンペーンではなく、基本価格を１万５０００円（税抜）とする新価格体系の導入を決めました。

しかし、これまで１万８０００円だったメガネを、すべて１万５０００円にしたのでは、これもまた単なるディスカウントとなり、売上が下がってしまいます。

そのため、「眼鏡市場」は誕生当初より、ワンプライス・ショップを標榜していましたが、２０１４年４月からの運営では、１万５０００円、１万８０００円、２万４０００円のラインを用意して、スリープライスの価格体系へ転換しました。低価格を求めるお客様と、高品質なメガネを求めるお客様の、どちらにも対応していきたいと考えたからです。

これに伴い、新しい「眼鏡市場」を印象付ける狙いをもって、イメージキャラクターにタレントのベッキーさんを迎え入れました。

女性に人気のペ・ヨンジュンさんに加えて、男性のお客様にもアピールできる方をと考

「メガ割」テレビコマーシャルの絵コンテ

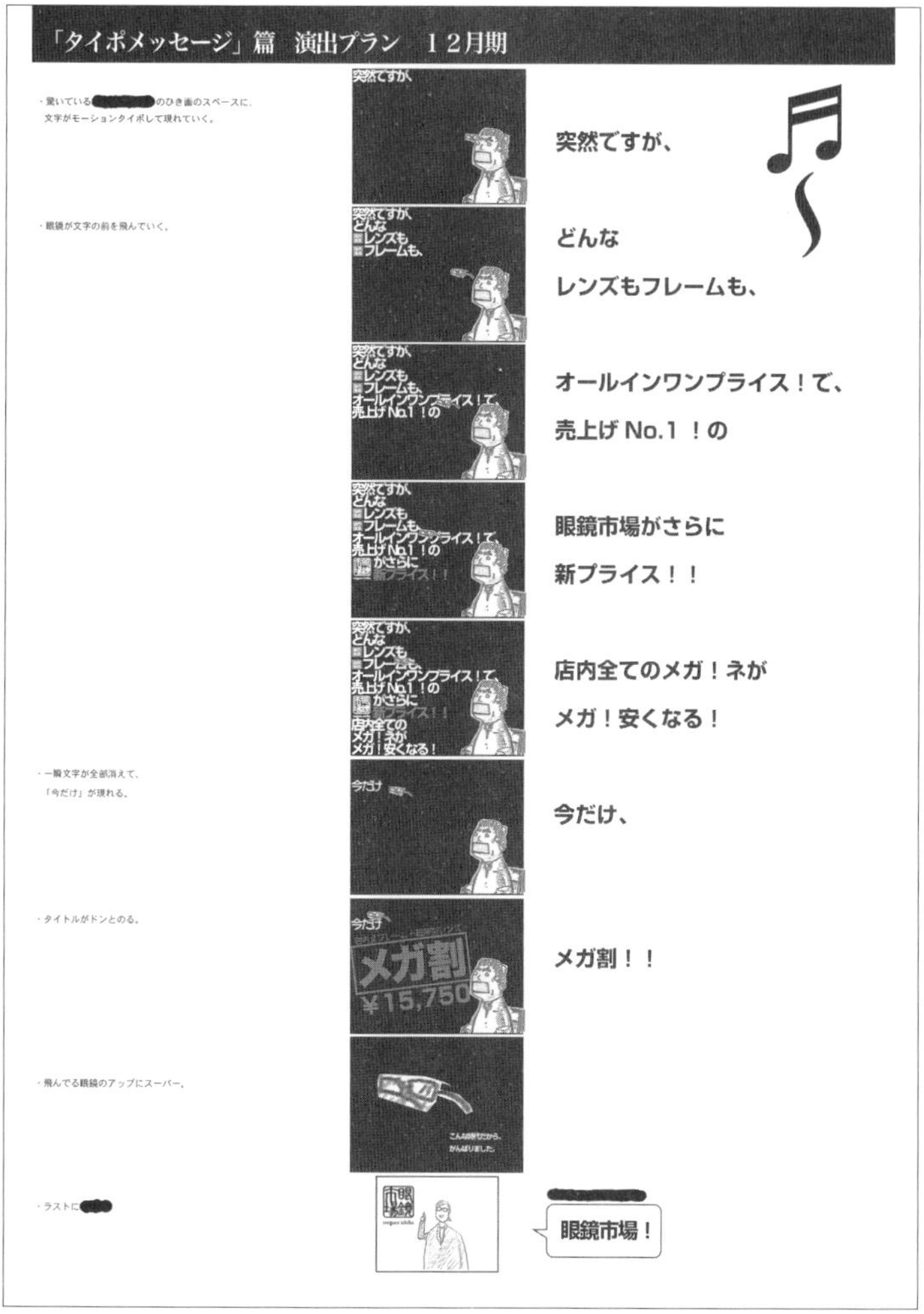

えて、当時、老若男女に大人気だったベッキーさんを選びました。

当時のプレスリリースには次のように書かれていて、担当者と現場の興奮の度合いが伝わってきます

> 広告のテーマは、「いいじゃない！　新プライス！　新眼鏡市場！」。新しく生まれ変わる「眼鏡市場」としてのフレッシュ感や向上させる商品・サービスの品質感、そして、店舗・商品のファッション性を訴求していきたいと考え、起用するタレントを検討したところ、関係者の意見は満場一致であっという間に〝ベッキーさん〟で固まりました。加えて、いままで眼鏡市場の顧客としてウェイトの低かった若年層へのＰＲにも効果的と、一石二鳥にとどまらず一石四鳥にもなり得るキャスティングと捉えています。

タレント契約を増やすには、それなりの費用がかかりますが、「眼鏡市場」はそれができるくらいの事業に成長していました。

直近の売上こそ対前年同月比で下がってはいましたが、リーマンショックの影響が残り競合他社が減収や赤字を計上するなか、私たちの会社の２００９年３月期連結決算は売上高４６６億円と前年比で約11％アップし、経常利益は２・１倍の54億円と過去最高額を達

成しています。
「眼鏡市場」が２００６年に誕生してからというもの、わずか3年で経常利益は11倍になっていました。

スリープライスの背景には、1万８０００円のワンプライスで商品を提供していた際に「もっと安いメガネが欲しい」という声と同様に頂いた「もっと高級なメガネが欲しい」というお客様の声があります。

そもそも、私たちは「メガネトップ」から「眼鏡市場」にブランドチェンジした際、「追加料金なし1万８０００円」でやっていくために、高級フレームを商品ラインナップから外しました。

それはお客様に対して、分かりやすい価格体系を提供するなかで、やむを得ないことでしたが、高級フレームの需要がなくなったわけではなかったのです。

「眼鏡市場」誕生から3年半を経て、私たちの新しいコンセプトがお客様に浸透し、「追加料金なし」がメガネ業界のスタンダードとなりつつあったので、２０１０年4月から、高級フレームを一部復活させ、追加料金なし2万４０００円で提供することにしました。

このように、１万５０００円、１万８０００円、２万４０００円のスリープライスが、新しい「眼鏡市場」の価格体系となりました。

さて、「眼鏡市場」としては大幅なリニューアルを試みたつもりでしたが、世間的には、「メガ割」の価格を据え置いただけのキャンペーンのように見えてしまったのか、売上の大幅な好転とはなりませんでした。ここでも「メガ割」の弊害が出てしまいます。

ベッキーさんに出演いただいたテレビコマーシャルもかなり力を入れたのですが、告知した当初はお客様が増えるものの、持続性という面で苦戦していました。

やはり価格ではなく、商品力や人材力で勝負しなければならないという思いが、年々強まっていきました。

「眼鏡市場」の強みは自社工場にあり

当たり前の話ですが、メガネ店は、お客様にメガネを販売する小売りであり、メーカーではありません。「眼鏡市場」も、「平和堂」という街のメガネ店から始まったこともあり、小売りによって会社を成長させてきました。

メガネ店の役割は、いくつかあるフレームメーカーとレンズメーカーのそれぞれから仕入れたフレームとレンズを、お客様に合わせて加工し販売することにあります。

通常メガネの価格というものは、調達されたフレームとレンズの仕入れ価格に利益を上乗せして決定します。それだけならごくシンプルなのですが、メーカーからメガネ店に届くまでに、商社や問屋が間に入ることで価格が上がってしまうのです。

昭和の時代、メーカーは製品をメガネ商社にしか流さない独占契約を結んでいました。そのため、そのメーカーの製品を仕入れたい場合には、どうしてもメガネ商社に中間マージンを支払わねばならなかったのです。

例えば原価１８００円のフレームであっても、メーカーの卸価格が２３００円となり、生産地の一次問屋が３０００円で地方の二次問屋に卸して、それを小売店が４５００円で仕入れ、最終的にお客様が購入するときには1万円の価格になってしまうのです。そのほかに、レンズ代が別途かかっていたのがメガネ業界の常識でした。

現在、「眼鏡市場」が高品質なメガネを低価格で販売できるのは、フレームもレンズも、メーカーから直販で仕入れる体制を作っているからです。

また、そればかりでなく自社工場をもちフレームの製造も行っています。このように、小売りであるのにメーカーでもあるのが「眼鏡市場」のユニークな特徴です。これは、のちにユニクロ方式として有名になるＳＰＡ（製造小売業）そのものです。

自社工場をもったのは「眼鏡市場」誕生の８年前になる１９９８年のことです。当時、業績不振で売りに出ていたフレームメーカーのキングスターを買収し、自社工場としました。キングスター工場を買収した経緯については、私が入社するだいぶ前のことであり、伝聞でしか知らないのですが、長期的なメリットを考えてのことだと聞いています。

ちなみに、主要なメガネ店のなかで、自社工場をもったのは私たちの会社が初めてです。

２０１１年には「パリミキ」が、フレームメーカーの福井光器を買収し自社工場をもつようになりましたが、１９９７年に私たちの会社が自社工場をもった当時は、小売りがメーカーを傘下に入れるという前例がなく、さまざまな方面から色々な方々に「やめたほうがいい」と言われたそうです。工場の再生や運営はとても大変なので、自社工場などもたずに、今までどおりメーカーから製品を購入したほうがよいというのです。

少し背景を補足すると、メガネ業界には、ほかの産業と比べてちょっと独特な面があり

通常のメガネ小売店とSPAの違い

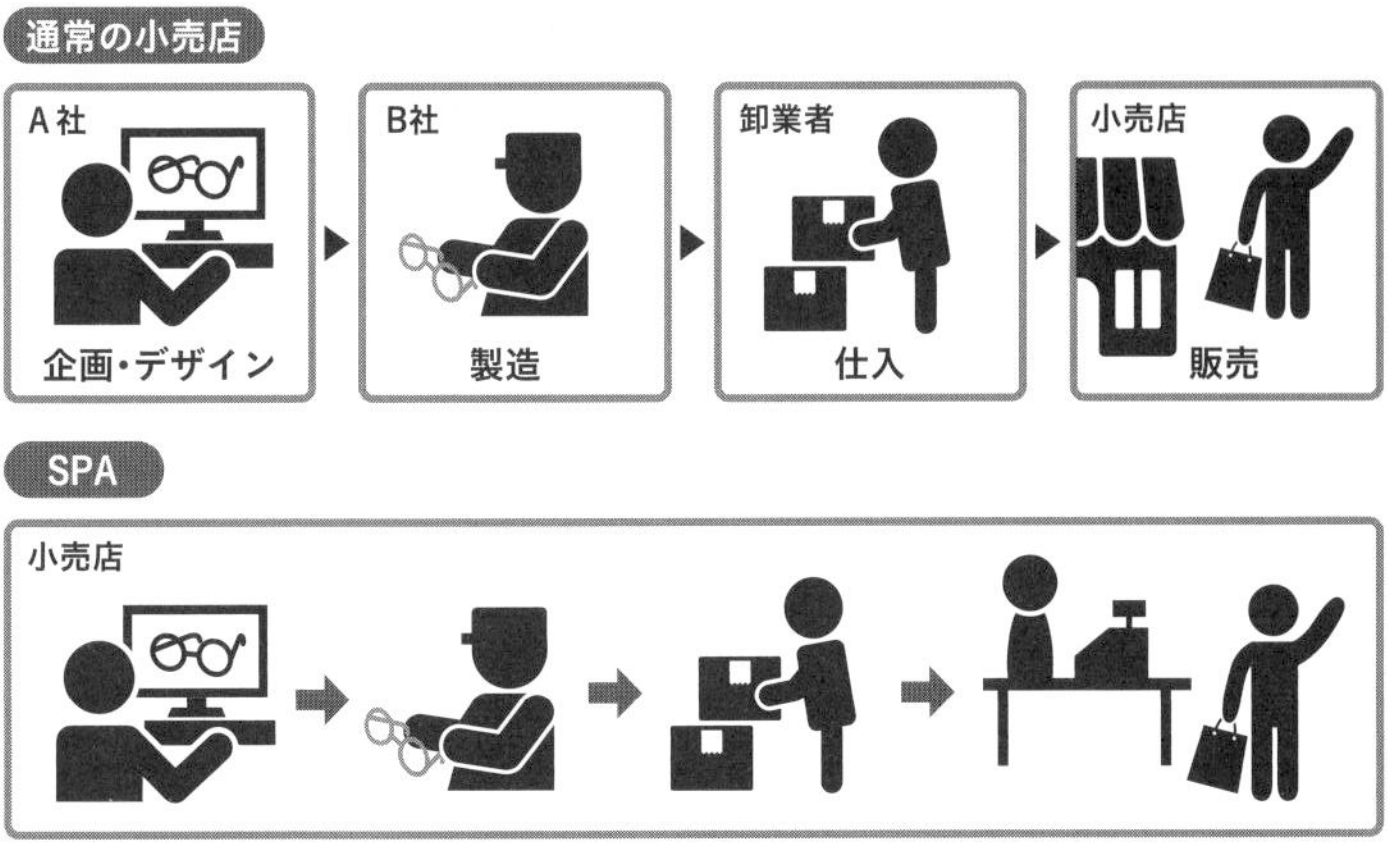

ます。それは、お客様がメーカーの名前やブランドをほとんど意識していないことです。

そのためメガネ業界では、実際にお客様と接触している小売店のほうがメーカーよりも優位な立場にあるといわれています。

例えば家電業界であれば、ソニー、パナソニック、東芝など、メーカーの名前やブランドがお客様に浸透しており、メーカー名やブランドを指名買いされるお客様がたくさんいらっしゃいます。このとき小売店は、ただメーカーの商品を陳列するだけの存在となり、アマゾンのようなネットショッピング店と価格競争を強いられることになります。

現在は、ヤマダ電機やヨドバシカメラのような大手家電店が、販売力を背景に価格決定権を握ってメーカーよりも優位に立っているようですが、過去にはメーカーが小売店を系列店として束ねていた時代があったのです。

さて、メガネ業界では、メーカーやブランドで指名買いをされるお客様は15%程度しかいません。大半のお客様は、メガネ店に来店したのちに店頭に並んだ商品のなかから選択し購入されます。

つまり、メガネというものは、店頭に商品を並べなければほとんど売れないものであり、メーカーは販売力のある小売店に主導権を握られがちです。

同じメガネ業界で協力関係にあるとはいえ、メーカーと小売店の間には、「高く売りたい」「安く買いたい」という思惑の違いがあり、そこには緊張関係や駆け引きがあるのです。

ですから、メーカーと小売店では、同じメガネ産業といっても、文化も習慣もビジネスのノウハウも異なります。

メーカーのＭ＆Ａが行われるときは、たいてい、ほかのメーカーに買収されるもので、小売店がメーカーを買い取るなんて話は、それまではなかったそうです。

ましてや売りに出るくらいですから、経営が危機的な状況であるとか、何かしら債務を抱えていることが多く、私たちの会社が買収したキングスター工場も、当初は年間

１億５０００万円程度の赤字を出していました。

創業者が、それでも自社工場をもつことにした理由は、メーカーとの取引で有利になると考えたからではないでしょうか。

前述のように小売店とメーカーとは文化が異なるため、小売店がメーカーから商品を仕入れるときに苦労することがあります。一方でメーカー同士であれば、製造原価もお互いにだいたい分かっていますから、製品を仕入れる際に交渉がしやすくなるでしょう。

自社工場をもつことで技術的な話も通じやすくなりますし、発注を行う際には理解不足などのトラブルが少なくなります。

たとえ当初は赤字だったとしても、グループ内にメーカーを抱えることが、長期的に見て、私たちの会社の利益になると創業者は考えたのだと思います。

また、自社工場をもつことで、独自ブランドの商品開発が可能になります。

独自ブランドであれば、他社と競合することもなく販売価格をコントロールできます。

そして長期的にブランド価値を高めることができれば、安定した売上と利益が確保できるようになります。

自社工場で独自ブランドの製造を始めたことは、価格だけでは立ち行かなくなる未来を見越してのことだったのでしょう。

そして実際に「眼鏡市場」が価格競争では成長できない段階が訪れました。

そんな「眼鏡市場」を救ったのが、着実に力をつけてきた鯖江の自社工場と、自社の独自ブランドでした。

「メガネトップ」時代は、ディスカウント戦略をとっていたため、自社工場の強みをあまり活かしきれなかったのですが、「眼鏡市場」になったことで、品質がアピールポイントになり、自社工場の強みが発揮できるようになりました。

「掛けているのを忘れてしまうほどの掛け心地」フリーフィット開発秘話

「眼鏡市場」最大のヒット商品となったフリーフィットは、２０１０年７月の発売ですが、企画自体は２００９年の春頃からありました。

業績が伸び悩みつつあるなかで、なんとか自社でヒット商品を作りたいと考えていた、当時営業企画部長となった高村が、キングスター工場長の吉田に相談に行ったのが発端で

フリーフィットの初期モデル

す。

高村は「掛けているのを忘れるほど、軽くて掛け心地の良いフレームが作れないか」と考えていました。一方の吉田は「鯖江の別メーカーが製造していた新素材の軽い樹脂でメガネを作ってみたい」と考えていました。

こうして「軽くて掛け心地の良い、新素材の軽い樹脂を使った、新しいフレーム」を作るということで、二人の考えが一致しました。

吉田が目をつけたのは、軽くて弾力性があるが扱いが難しいとされていたポリアミド樹脂でした。一般的に樹脂（プラスチック）は、金属に比べて耐久性に劣るため、どうしても線が太くなります。そのためフレームが全体に硬くなり融通が利かないのですが、このポリアミド樹脂は、柔軟性があって衝撃に強く、細く加工することが可能でした。

まさにこれは「眼鏡市場」が求める「軽くて掛け心地の良いフレーム」の素材として、ぴったりでした。

しかし問題が一つありました。このポリアミド樹脂素材のフレームを、自社のキングスター工場では作ることができなかったのです。

フレーム工場は、金属フレームと樹脂フレームの工場に分かれており、キングスター工場は金属のチタンフレームを得意とする工場でした。金属フレームと樹脂フレームでは設備も工程もノウハウもまったく異なります。簡単にいえば、金属フレームは金属の板から削って作るもので、樹脂フレームは金型を作り樹脂を流し込んで固めるものです。

そこで吉田は、ポリアミド樹脂でフレームを作れる工場を求めて韓国に渡りました。樹脂フレームを得意とする工場は日本にも中国にもありましたが、コストとパフォーマンスのバランスで韓国が一番だったからです。

もともとメガネ商社で働いていた吉田は、そのことを熟知していました。

こうして、最初のフリーフィットが2010年7月に発売されます。

実は、フリーフィットの発売について社内ではかなりの反対がありました。当時「眼鏡市場」でよく売れていたのはチタン素材のメガネで、樹脂素材のメガネには安く粗悪なイメージがありました。そのため多くの人が「眼鏡市場では売れない」と思ったのです。

チタンに比べると樹脂は耐久面で不安があり、またフリーフィットは軽さを追求するために細く作られていたため、万が一、使用されたお客様から「すぐに壊れた」などのクレームが頻出したら、「眼鏡市場」のブランドに傷が付くのではないか、との慎重意見があがりました。

高村は「樹脂だから新しい、新しいから世の中にアピールできる」と考え、テレビコマーシャルを流して大々的に売り出したいと主張しましたが、前例がないこともあって、私はなかなか許可を出しませんでした。

これまでのテレビコマーシャルは、ほとんど、「追加料金なし」のコンセプトを伝えてきたもので、商品単体をアピールすることはありませんでした。ましてや、高級感のあるチタンフレームではなく樹脂フレームでは、反対意見が多くなるのも無理はありません。テレビコマーシャルどころか発売までもが危ぶまれました。

会議は紛糾し「こんなものが売れるか」との言葉まで飛び出す始末でした。

その様な中で、なんとかテスト販売までこぎつけたフリーフィットでしたが、あっという間に4000本を完売します。「軽くて掛け心地の良い、新素材の軽い樹脂を使った、新しいフレーム」は、確かにお客様の心をとらえたのです。

その後、店舗での販売実績と購入された方の評価を見て、ようやくフリーフィットの本格的な増産と販売にゴーサインを出すことにしました。

この新しい樹脂フレームを、どのように告知していくかは難しい課題で、広告代理店をサポートに入れて販売計画を固めました。当初、フリーフィットはデイリーフィットという名前で販売しており、テレビコマーシャルの制作を検討するなかで、改めてセールスポイントや企画を洗い直し改名した名前がフリーフィットでした。

イメージキャラクターのベッキーさんを起用した、フリーフィットのテレビコマーシャルを制作し、２０１０年７月23日の発売日に合わせて放送することになりました。

当時のプレスリリースには次のように記されています。

> 今回の撮影では、ベッキーさんにも事前の情報を一切お渡しせずに、撮影の際に初めて商品に接していただきました。ベッキーさんの反応を見ていたスタッフの率直な印象は、〝本当にビックリしている〟というものでした。特にナワ跳びをするシーンはノリノリで、「これだけ動いてもズレない！」と、フリーフィットを体感していました。商品自体もとても気に入ったようで、「友達にも絶対薦めちゃう！」など、本音の感想を漏らしていました。

売り切れ店舗続出！　フリーフィットの大ヒット

発売当日、高村は正午に入る売上速報をドキドキしながら待っていました。

テレビコマーシャルは朝から放送していますが、その日、どれだけの方に来店していただけるのか、来店された方がフリーフィットを買ってくれるのか、まったくの未知数です。

正午に入った売上速報の結果は、通常時の売上を大きく上回るものでした。そして店舗から入る連絡は、フリーフィットの人気を伝えるものばかりでした。

フリーフィットは、発売されるや否やテレビコマーシャルの効果もあって、その魅力が幅広くお客様へ伝わり爆発的なヒット商品となります。メガネフレームの商品名が、これほどまでに話題となったのは、おそらく日本で初めてではなかったでしょうか。

しかしここで、フリーフィットの大ヒットが、メガネ業界でも未曾有の出来事だっただけに、予想もしなかった問題が起こります。

フリーフィットのあまりの人気に、当初予定していた生産体制では商品の売れ行きに追いつかず、発売からすぐに店頭で品薄状態が続きました。

せっかく、お客様に「眼鏡市場」の店舗まで足を運んでいただいたというのに、お店に

フリーフィットの特徴

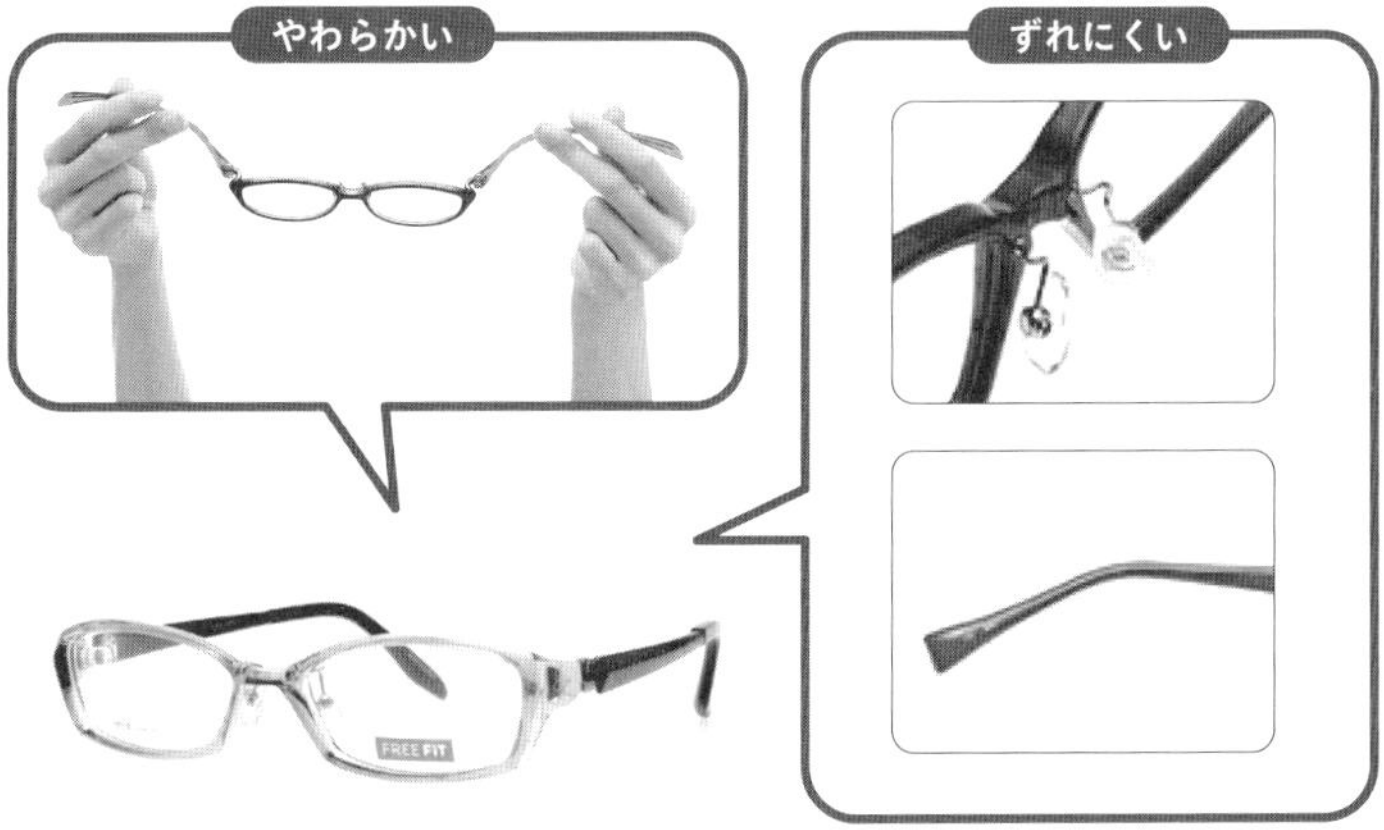

フリーフィットが並んでいないのです。

店舗ではカタログを見せて予約注文を受け付けましたが「それなら、また今度にする」と、注文されずに帰ってしまわれるお客様が数多くいらっしゃいました。当然、なかには怒り出す方もいました。

店舗から本社へ、毎日のように「フリーフィットが足りません、送ってください」と、悲鳴のようなお願いが届きます。

工場長の吉田にとって、その日からが地獄でした。増産を命じられるものの、事はそう簡単ではなかったからです。

フリーフィットは韓国の工場に生産を委託していました。そして2010年当時、韓国のフレーム業界は、日本と同様に生産拠点を人件費の安い中国に奪われ、小さな町工場がかろうじて残っている状況でした。

町工場といえども、長年培ってきた技術力は非常に高く品質は折り紙付きなのですが、その技術力の高さゆえに、簡単に人手を増やし増産することもできません。無理に生産量を増やしたことで不良品も増えてしまっては、かえって迷惑を掛けてしまいます。

増産をお願いするために韓国に渡った吉田は、その難しさを痛感します。ならばと、ほかの工場を探しましたが、すぐに対応してくれる工場は見つかりませんでした。

日本に帰国した吉田は、すぐに会長のもとへ駆けつけ「これ以上の増産は無理です。商品供給が追いつかないので、いったんテレビコマーシャルの放送を止めて、売れ行きを抑えてください」と進言します。

会長は、黙って吉田の言を聞いていました。場所は本社近くの寿司屋です。お昼時だったので、寿司でも食べながら話を聞こうとなったのです。

ちょうどそのとき、つけっぱなしになっている寿司屋のテレビから、フリーフィットのテレビコマーシャルが流れました。会長も吉田も、つい顔を向けて見入ってしまいます。

フリーフィットのコマーシャルが終わり、切り替わったとき、会長はこう言いました。

「おれが会社を立ち上げてから30年になるが、これほどまでにうちの商品がお客様から求められたことはいまだかつてなかったことだ。おれは今年で66歳になる。この先、おれがいつまで代表を続けられるか分からないが、このような千載一遇のチャンスはおれの代ではもうないように思う。本当に世の中に貢献できる企業になれるかどうか、今が勝負時だ。おれも死ぬつもりでやるから吉田も死ぬ気で増産してくれ。人生には引き下がってはいけない時がある。今がそのときだ。ここで引いたら、この先ずっと負け犬になるぞ」

宣伝を控えてほしいという吉田のお願いに対して、会長の答えはノーでした。

テレビコマーシャルは止めず、「眼鏡市場」はフリーフィットの販売を続けるので、それを精一杯サポートしなさい、との指示でした。

吉田は、そのまま家にも帰らずにタクシーで空港に向かい、飛行機のチケットを購入して韓国にとんぼ返りします。そして町工場の方々に頭を床にこすりつけんばかりに下げて、緊急増産をお願いしたのです。

吉田の記憶では、その月に日本に滞在したのは5日ほどで、そのほかは韓国に滞在し生産工場に通っていたそうです。

生産工場に「眼鏡市場」の社員がいたからといって、生産のスピードが速くなるわけではありませんが、いなければ工員の手が緩んでしまいます。シフトを組み24時間体制で生産してもらっているのですから、吉田もホテルでゆっくり眠るわけにもいきません。

当時のフリーフィットの供給体制

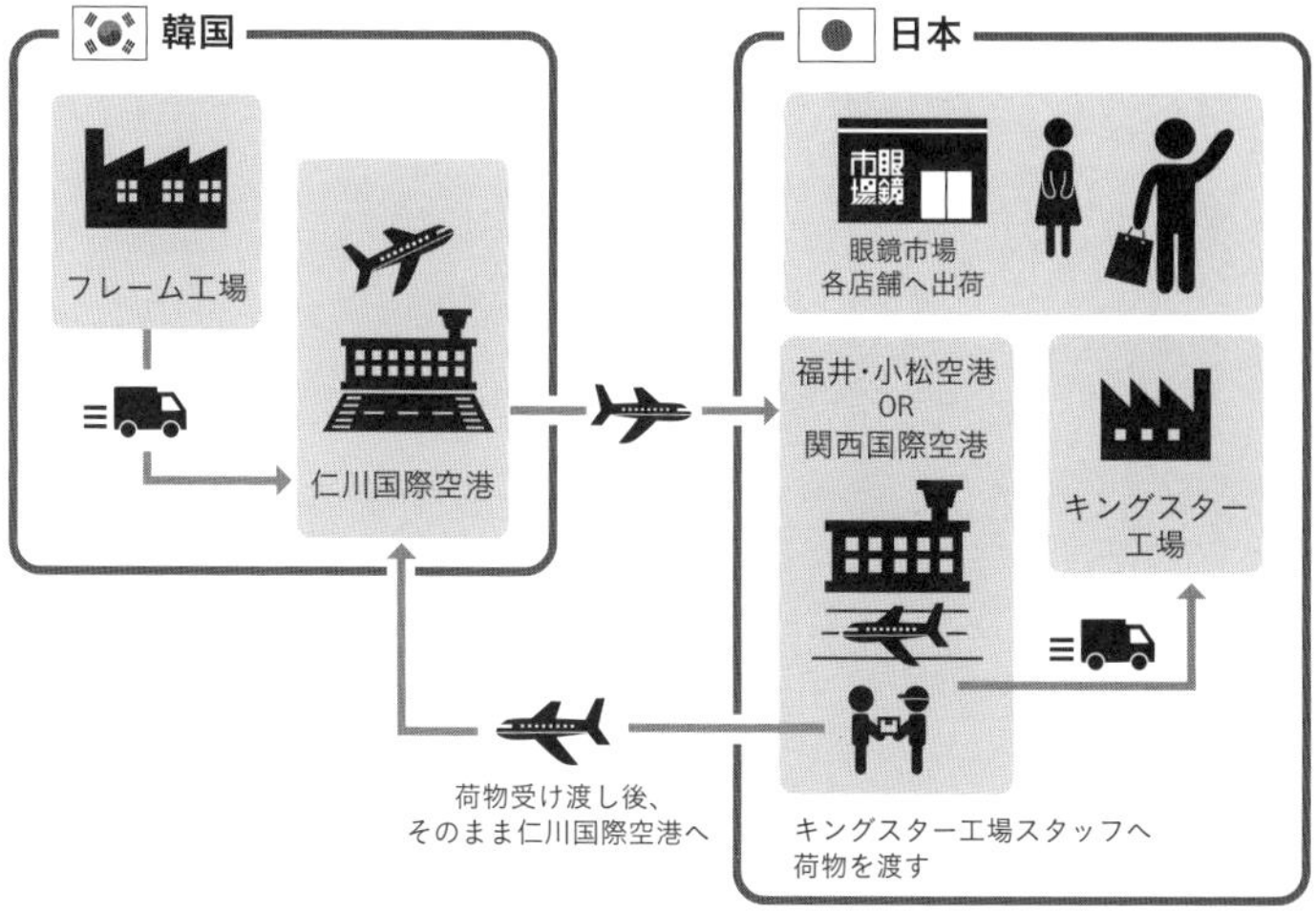

夜になると、薬局で栄養ドリンクをカートン買いし、夜勤をしてくれている韓国の従業員に届けます。もちろん自分用にも1本買っておいて、一緒に飲みます。

　そして箱詰めや掃除や片付けなど、できる仕事を一生懸命に手伝います。休憩時間になると従業員の肩や腰を揉んで回りました。少しでも役に立ちたかったですし、精一杯頑張っている姿を見せることで、工場で働く人たちの士気を高めたかったのです。

　一定数が出来上がると、それを箱に詰めて、トラックを約5時間走らせ仁川空港に向かいます。

　通常、メガネフレームのような製品は

送料の安くなる船便で日本へ送るのですが、このときは、一刻も早く届けるために航空便を使いました。

それでも通常の貨物便だと時間がかかるため、自ら製品を手荷物で運んでいました。手荷物にしてしまえば、自分と一緒に最速の便で日本に届けることができるからです。

もちろん手荷物として預けられる量には制限があって、通常はだいたい20kgまでしか無料で預かってもらえません。しかし、あまり知られていませんが、追加料金を支払えば一人当たり１００kgまで手荷物として飛行機に載せることができます。

吉田は追加料金を支払って、出来上がったばかりのフリーフィットをカートでめいっぱい飛行機に預けました。チェックインカウンターでは「これを全部もっていくのですか？」と、とても嫌な顔をされましたが、いちいち気にしてはいられません。航空会社のルールには従っているのです。

こうして仁川空港からキングスター工場のある福井・小松空港へ、20カートン１００kgのフリーフィットが運ばれるのですが、当時は小松空港への直行便が週２・３往復しか運航されておらず、大阪の関西国際空港へ運ぶこともありました。

空港に着くと、迎えに来ていたキングスター工場のスタッフに荷物を手渡し、吉田は再び飛行機に乗り、韓国にとんぼ返りします。

その裏では、キングスター工場のスタッフも走り回っていました。仁川空港へのトラックの運行状況を確認し、到着時間に合わせて小松空港か関西国際空港へ向かいます。受け取ったフリーフィットは、出来上がった製品を急いで運んでいるために不良品が多く混ざっていることから、工場では数量チェックと検品を同時に行いました。その後、大急ぎで各店舗へ出荷し、次の入荷を受け取りに空港へ、という毎日を繰り返しました。

しかし、いくら身体を張り頑張っても、店舗からは「商品が届くのが遅い」「不良品が多い」と文句を言われますし、韓国の工場では「そんなに急がすな」「私たちだって休みたい」と訴えられるのです。

当時の様子を吉田は「まさに地獄のような日々だった」と回想しています。

「韓国の工場も大量生産に慣れていなかったため不良品が多く、店舗からは欠品と不良品の苦情がひっきりなしに入りました。そこで自社工場で検品をすべてやり直すこととなり、二重に大変でした。出来上がった製品のうち3割以上は不良品として廃棄していました。私は韓国に行きっぱなしで日本に帰れず、毎日、夜中の1時2時まで働きましたが、それでも追いつきませんでした。二度とあんな思いはしたくないですね」

「眼鏡市場」ブランドと勝利の方程式の確立

「眼鏡市場」にとって、フリーフィットは大きな転機となりました。

当初、「追加料金なし」をコンセプトに店舗数を伸ばした「眼鏡市場」でしたが、業績の伸び悩みなどをきっかけに何度も試行錯誤を繰り返すものの、従業員に対して自信や安心を与えるほどの転機とまではいきませんでした。

そんな最中、自社で企画開発したフリーフィットが大ヒットしたことで、これこそが「眼鏡市場」だと自信をもって言えるようになったのです。

私自身、フリーフィットがもたらした成果にはたいへん満足しています。品質改良や生産体制の未熟さなど課題は残りましたが、総じていえば、フリーフィットのおかげで「眼鏡市場」の認知が一気に加速して売上を大きく伸ばし、店舗拡大につながりました。

数字でいえば、8月はプラス1・3%、9月はプラス9・4%、10月はプラス17・7%、11月はプラス5・4%と、およそ4カ月間にわたってフリーフィット景気が続きました。

マーケティング面でも、11月にはニュー・フリーフィットとして2011年モデルを発売し、それに合わせた新しいテレビコマーシャルを投入しました。

「フリーフィット」テレビコマーシャルの絵コンテ

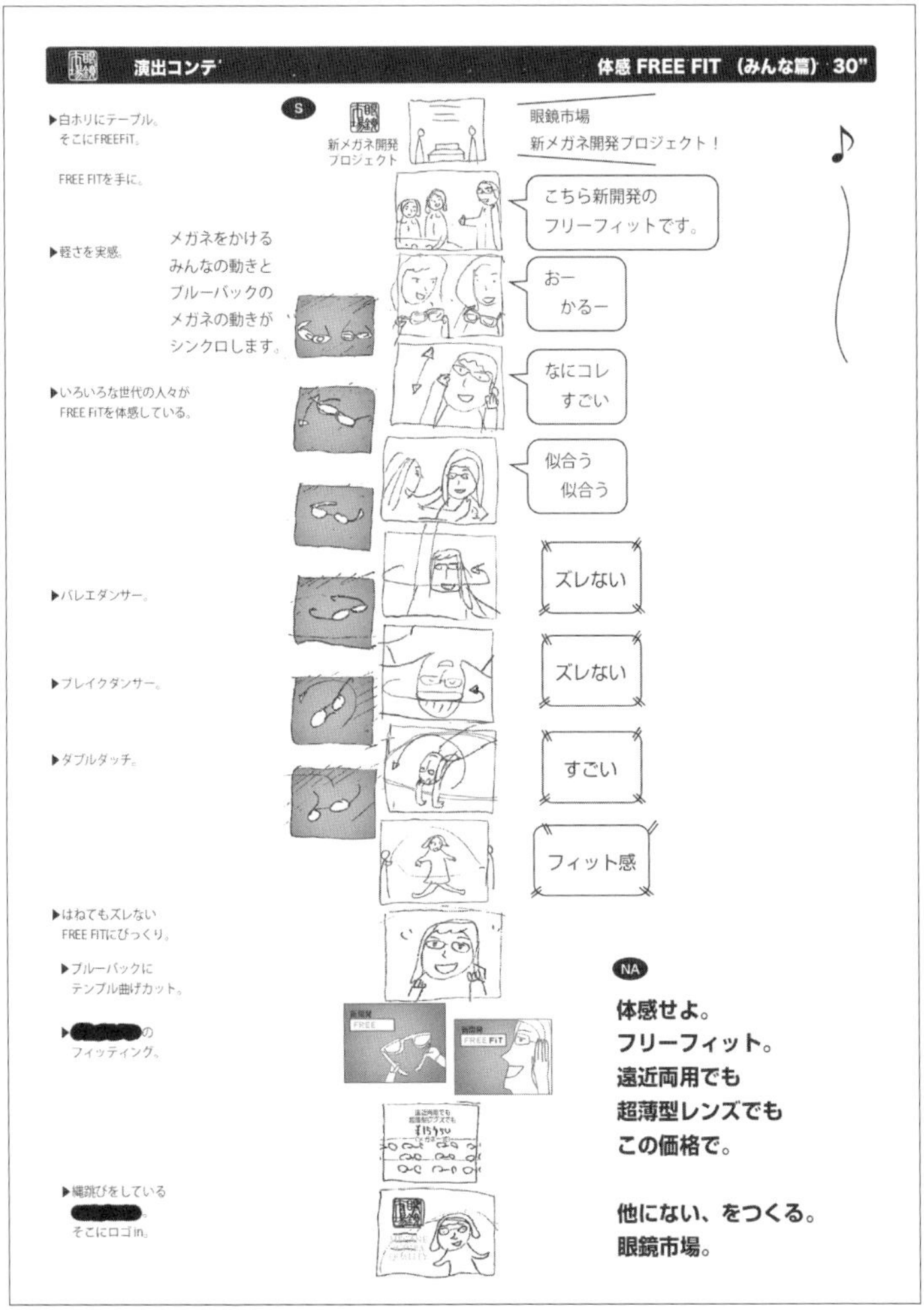

自社ブランドを企画開発して製造し、それをテレビコマーシャルで大々的に告知して集客を図る、「眼鏡市場」のビジネスモデルは、このフリーフィットで初めて完成したものです。

このように書くと、どの会社でも同じことができるようにも思えますが、そう簡単ではありません。

まず、フリーフィットの製造は韓国のメーカーに委託していますが、企画は自ら行っています。それまで樹脂フレームといえばアセテートがほとんどでしたが、アセテート樹脂は金属に似て硬く重いので、金属の代わりになる安価な素材として人気でした。しかし、それではメタルフレームの代替物の域を超えません。

樹脂の特長を活かす素材として、ポリアミド樹脂にいちはやく目をつけたのがフリーフィットの成功要因の一つです（現在は、さらに高機能のポリエーテルイミド樹脂【ウルテム】に素材を変更しています）。

そして、安価なイメージがあった樹脂フレームへ、成型と表面処理によって、質感や高級感を与えたのも成功の秘訣です。

このような企画だけでなく、その企画を実現するために、どのような工場をどのように

企画開発＋SPA＋CMで集客

アレンジすればよいかが分からなければ、フリーフィットは作れません。

キングスター工場がチタンフレーム専門であるように、ひとくちにフレーム工場といっても、それぞれの特性があります。どの工場がどのような製品を得意としているのか、逆にどこが弱くて、それをどのように補えばよいのかなど、業界を知り尽くしていなければ、最高の製品は作れません。

ただ軽いフレームであれば同じような素材を使って作ることはできますが、フリーフィットは「掛け心地」を決定する細部にもこだわりがありました。

例えば、鼻パッドはフリーフィット専用の特注品を鯖江のメーカーで作りました。丁番に使用するネジも鯖江で作った部品であり、樹脂製のモダンの中には芯を入れて、お客様の顔や耳の形に合わせて自在にフィッティングできるように工夫しました。これにより店舗スタッフによって、お客様それぞれにぴったりと合うフィッティングが行われたことも理由として挙げられます。

フリーフィットが売れた最も大きな要素は、やはり「軽さ」と「掛け心地」です。

当時、テレビコマーシャルに何億円もの費用をかけるなか、同時に効果測定を行ったところ、お客様がメガネに求めているものが「軽さ」と「掛け心地」であることが分かりました。フリーフィットの大ヒットは、広告でしっかりと「軽さ」と「掛け心地」の理由を説明し、効果を実証できたことも大きかったのです。

フリーフィットに次ぐ商品を開発せよ！

フリーフィットの大ヒットで息を吹き返した「眼鏡市場」ですが、勝利の美酒に酔うのは一瞬だけでした。生き馬の目を抜くような厳しいビジネスの世界では、余裕のあるときに次の戦略を練って施策を仕込まねばなりません。

当時、フリーフィットの販売に合わせて、どのような年齢層のお客様が、どのような色や型のメガネを選ばれるのかを分析するシステムができていました。それによりフリーフィットは、幅広い年齢層に売れてはいるが高齢男性の反応はやや鈍いことが分かっていました。

当時、フレームの主役はまだまだ金属フレームでした。樹脂フレームは、強度の関係上どうしてもフレームが太くなりカジュアルな印象になるため、ビジネスシーンには似合わないと考える方も多かったのです。実際に「フリーフィットを欲しいと思ったけれども樹脂フレームなのでやめた」という、お客様からの声もありました。

「金属のフリーフィット」が次の課題でした。

しかし、樹脂よりも重い金属でフリーフィットのような軽さを実現するには、どこかの部品を削らねばなりません。そして以前に高村は、海外ブランドで丁番のないメガネを見たことがありました。

丁番とそれを止めるネジがなくなれば、従来の金属フレームよりも大幅に軽いメガネを作ることができます。そのフレームは海外の高級ブランドでかなり高価なものでしたが、それを「眼鏡市場」の価格で実現できれば、確実にヒットすると考えました。

キングスター工場長の吉田がまず行ったのは、鯖江にある「眼鏡市場」の協力工場をすべて集めることでした。金属フレームのメガネであれば、鯖江で作るのがいちばん高品質です。しかし、丁番のないメガネという難題が与えられましたから一筋縄ではいきません。

そこで腕に覚えのある精鋭を集めて、皆でアイデアを出し合い協力する態勢を整えました。これは当時、フリーフィットの運搬に追われ開発に携われない状況にあった吉田の苦肉の策でもあります。

実はこれが前代未聞の試みでした。というのも鯖江のメーカーは、それぞれがライバル関係にある競合同士です。自社の技術を開示して、お互いの手の内を見せ合うようなことは本来であればしないのですが、当時業界ナンバー2の売上規模になっていた「眼鏡市場」の企画であることから大量ロットでの受注が期待できるとあって、8社くらいのメーカーが集まり協力してくれることになりました。このとき集まったメーカーは現在でも開発に携わってくれています。

そうして作られた丁番のない金属フレームのメガネは、なんとフリーフィット以上の軽さを実現することになります。その軽さを全面的にアピールするために付けられた名前が「ゼログラ（ZEROGRA）」です。

「まるで無重力の世界！」ゼログラの衝撃

ゼログラとは、ゼロ・グラビティ（無重力）の略称です。フリーフィットで「軽さ」と「掛け心地」がメガネに求められていると分かった「眼鏡市場」が、究極に軽いメガネにチャレンジしたものです。

ゼログラの重さは、初期バージョンの最軽量モデルが3・7グラムで、これは五円玉の重さ3・75グラムよりも軽いものです。

ゼログラ開発に集まってくれた鯖江の協力工場の技術者たちは、軽量化のためにありとあらゆる方法を検討してくれました。

素材は、金属で最軽量のチタンを採用しました。さらに、当初からのアイデアではありますが、フレームにおいて最もかさばる部分である丁番を、思いきってなくしました。

軽さを追求するときに、なぜ丁番が邪魔になるのかといえば、折りたたみ機能を有する丁番はフレームにおいて最も壊れやすい部分であり、そのために最も強度を必要とし、結果として太く重く作らざるを得ないからです。よって丁番がなければ、フレーム重量の大半をカットすることができます。

しかし、丁番をなくすことによるデメリットも当然あります。

ゼログラの特徴

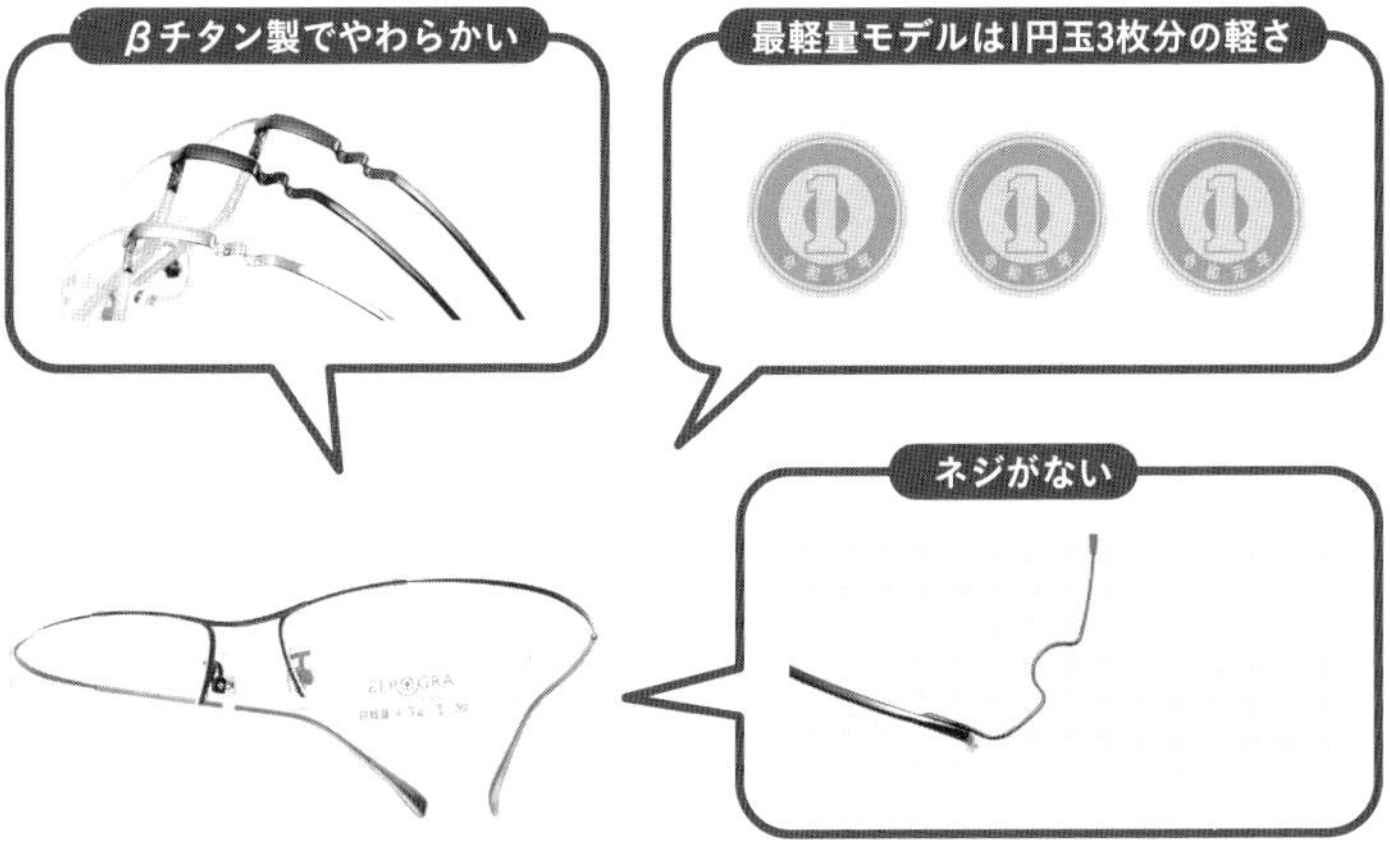

そもそも丁番が何のためにあるかといえば、折りたたんで、メガネをコンパクトに収納するためです。

しかし鯖江の技術者たちは、メガネは折りたたんで収納するもの、という大前提を疑いゼロベースでの設計を試みました。

本当にメガネは折りたためなければいけないのか？　――そのときに私たちの頭に浮かんだのは、フリーフィットの大ヒットでした。

フリーフィットは、毎日掛けるメガネというコンセプトで、「軽さ」と「掛け心地」を追求したものでした。

そこで、もし毎日ずっと掛け続けるメガネが求められているならば、メガネを外したときにケースへ収納しない人も大勢いるのではと考えました。

さすがに寝るときにはメガネを外すでしょうが、そのときに必ずしも折りたたんでケースにしまうことはありません。折りたためなくても枕元に置いておければよいのです。実際、ゼログラには弾力性を活かした専用ケースがありますが、コンパクトに折りたたまずに押し込むだけなので、通常のメガネケースよりも大きくて、持ち運びに適していませんでした。まさに枕元にメガネをしまうためだけのケースといえます。

メガネを外して持ち運ぶことがなければ、折りたたむ必要はない――そう考え、丁番をなくして折りたためなくなったゼログラを企画会議で提案しました。

あまりにもメガネの常識に反したデザインに反対意見も出ましたが、「軽くて掛け心地の良いフレーム」が求められていることがフリーフィットのヒットで判明したこと、カジュアル過ぎない金属フレームが求められていることが分かっていたので、最終的には挑戦することを決めます。

アイデアだけで実際の製品が作れるわけではありません。ゼログラの企画開発には、確かな技術力が必要でした。先に述べたように、それぞれ得意分野の異なる複数の工場が異例の協力体制をとることで、ゼログラが完成したのです。

ゼログラの宣伝文句は次のようにうたっています。

世界に誇るメガネの聖地「福井県鯖江市」で職人の手によって、ＺＥＲＯＧＲＡは1本、1本手作りされています。パーツの細部までこだわりぬくＪＡＰＡＮクオリティと最先端の技術が、驚きの掛け心地を実現しました。

それまで軽量フレームというと、レンズをツーポイントで固定したリムレスタイプがほとんどでした。

ゼログラの場合は、ハーフリムとはいえ、しっかりとレンズをホールドしているところに特徴があります。軽さを追求するだけでなく耐久性も考慮して、「眼鏡市場」の価格で販売できるように考えた結果がゼログラです。さすがに価格はフリーフィットと同じ1万５０００円ではなく、1万８０００円になりましたが、それでも驚きの安さです。当時、βチタンのフレームは、他社ではフレームのみで3~4万円くらいはしていたのですが、「眼鏡市場」では、レンズ込みで1万８０００円にしたのです。

こうして、究極の軽さをアピールしたゼログラは、２０１１年4月に発売となりました。

テレビＣＭでは、タレントのベッキーさんがゼログラを掛けて宇宙遊泳するイメージ映像を流しています。

ゼログラは、フリーフィットに次ぐ「眼鏡市場」のヒット商品です。お客様によっては、フリーフィットは知らないけれどもゼログラは知っているという方もいて、「眼鏡市場」発のブランドとしてイメージを牽引してくれています。

実際に、ゼログラを購入いただいたお客様の声を聞いたところ、「メガネを掛けているのを忘れてしまう」、「一度ゼログラにしたら、もうほかのメガネには戻れない」などの声を頂き、たいへんうれしく思いました。

フリーフィットに続いて、ゼログラというヒット商品が生まれたことで、「眼鏡市場」は業界トップに向かい、さらに歩を進めることができました。

スポーツマンに大人気！　アイ・アスリートの登場

フリーフィットとゼログラのヒットで、「軽くて掛け心地の良いフレーム」が売れるというマーケットの動向がはっきりしました。そこで、さらに新たな商品を企画するために、違うアプローチをとってみることにしました。

フリーフィットやゼログラは、オールラウンド・ベーシックタイプだったのですが、用途を限定してみたらどうだろうと考えたのです。その当時は、皇居ランナーが話題となったり、スポーツブランドが流行したりなど、スポーツに世の中の目が向いていました。このトレンドをおさえつつ「軽くて掛け心地の良いフレーム」が作れないかと考えました。

スポーツ用途ですから、汗をかいてもずれにくいフレームが必要です。

こうして開発されたアイ・アスリートは、名前のとおりスポーツに適したメガネです。当然ながら用途を限定したメガネは、普段使いのメガネより売上本数が少なくなることが予測されます。

プロスポーツ選手が使用するようなスポーツ専用メガネは、相当ハードな動きにも対応できるよう開発されていますが、一般の方の多くは、そこまでハードなスポーツはしないものです。

ちなみに、プロスポーツ選手専用のメガネというものがどういうものかといえば、激しい動きでもずれないようゴムバンドで装着するものが多いです。スキーのゴーグルをイメージしていただければいいでしょう。また、ボールが当たるなどの衝撃に対してレンズを支えるフレームは硬くて太く頑丈に作り込まれています。さらに、視野が広くなるよう

「アイ・アスリート」テレビコマーシャルの絵コンテ

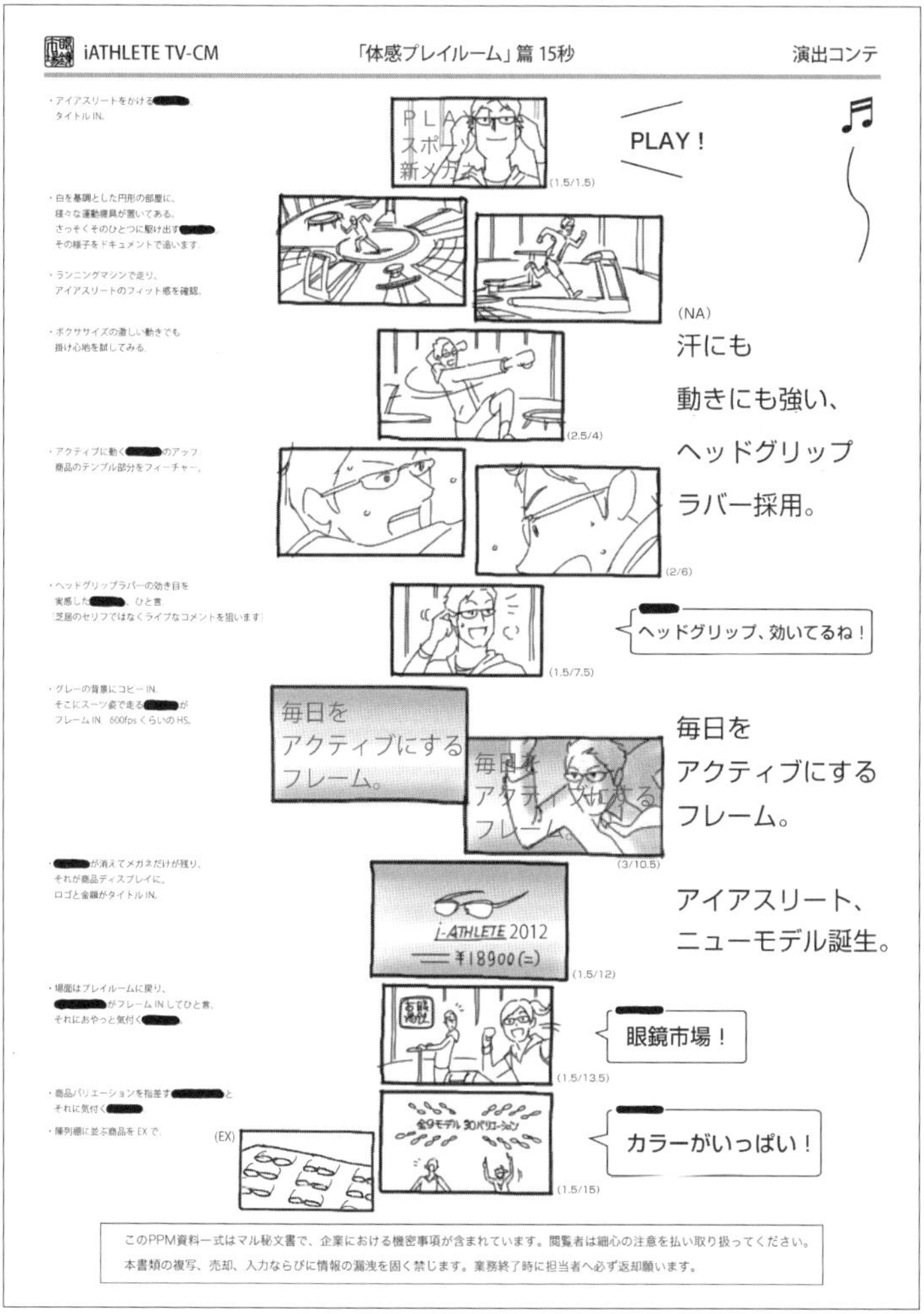

アイ・アスリートの特徴

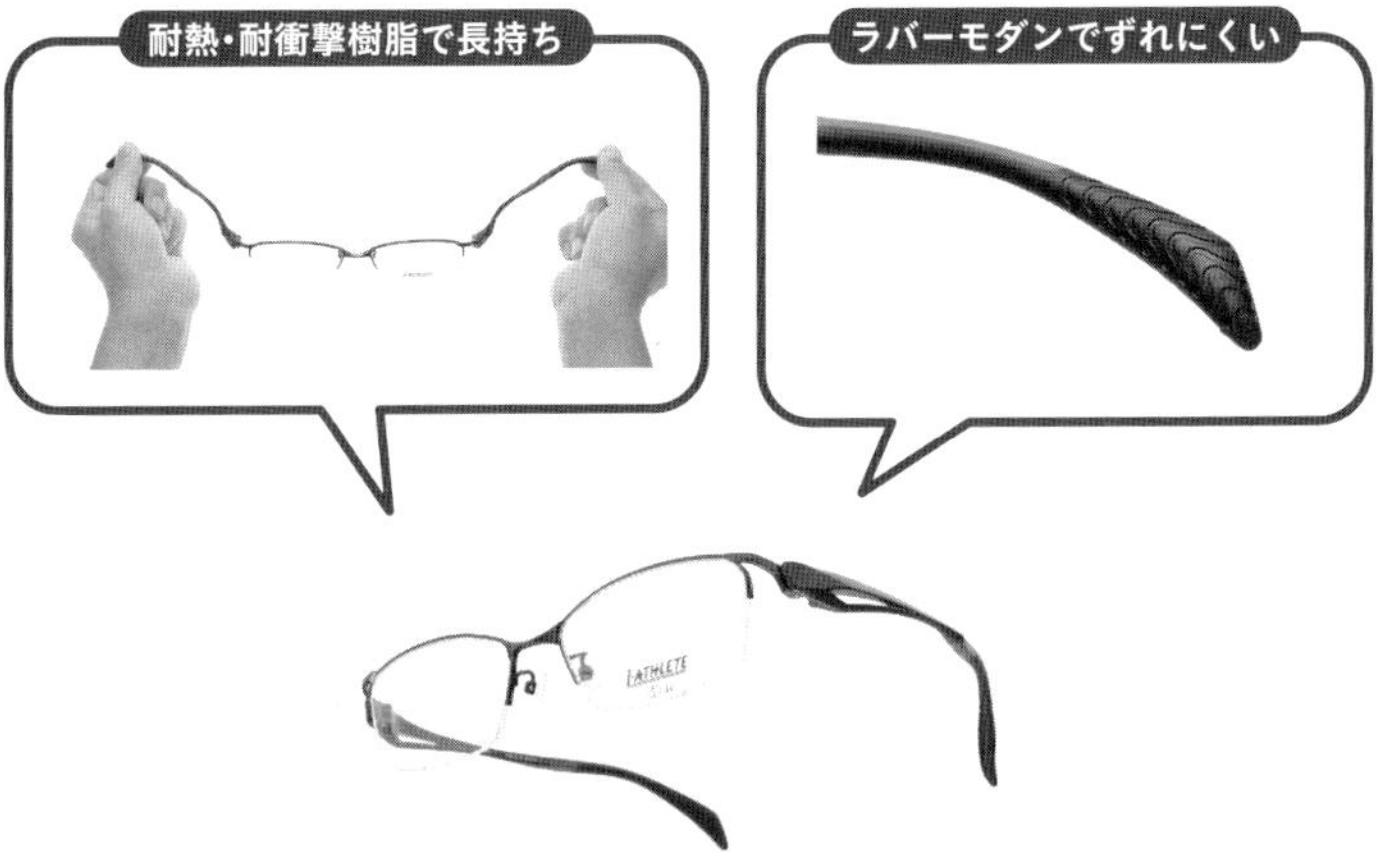

レンズは横に広く大きく、強い日差しのもとでもよく見えるように、サングラスのような色がついているものも多いです。総じていえば、メガネ自体の存在感が強く、ビジネスシーンでは悪目立ちしそうなデザインとなります。

そこで、アイ・アスリートの基本コンセプトは「汗や激しい動きでもズレにくいスポーツ性能を持ち合わせ、普段のビジネスシーンでもそのまま使用できるメガネ」となりました。あくまでもファッションとしてのスポーツを意識して、さわやかなスポーツマン＆ウーマンのイメージになるデザインを心掛けました。

アイ・アスリートの売りも、やはり「軽

さ」と「掛け心地」です。スポーツ時に快適な軽さと装着感を目指して、丁番にはβチタン製のスプリングを採用し弾力性を上げ、汗でさびやすい鼻パッドには軟質プラスチックを使用することで柔軟性を施し、テンプルは医療用に使われる硬い樹脂素材を初めて使用して細さと軽さを実現しました。

硬い樹脂素材を使ったのは、硬ければ細くしても耐久性が高く軽いフレームが作れるからです。その代わり硬いがために加工が難しく、また耐熱温度が高いために表面処理にはコストがかかりました。何度も試行錯誤し、ようやく成型に成功しました。

ただ、硬いテンプルでは「掛け心地」が良くないため、ラバーコートを施した二重成型にし、汗によるずれ落ち対策として、ラバーにはディンプル加工を施しました。価格はゼログラと同じく1万８０００円です。

こうして完成したアイ・アスリートは、２０１1年1月に、テレビコマーシャルを行わずチラシだけでテスト販売を行いました。その結果は、２カ月ほどですべて売り切れるほど好調で、急いで増産し、正式に販売を開始したのが同年6月となります。

その後11月からは、タレントで元テニスプレイヤーの松岡修造さんをイメージキャラクターに起用したテレビコマーシャルの放送を始めます。

アイ・アスリートは「手間を掛けた良いメガネだけれども、それほど売れないだろう」と予測していたものが、「お客様に支持されて、私たちの想定以上に売れた」という、うれしい事例となりました。現在でもシリーズとして進化を続ける一方で、リピーターやファンが多く、初期からのモデルが売れ続けているという珍しいブランドでもあります。

３大ブランドの躍進でついに業界売上トップに

２０１１年の年末商戦は、フリーフィット、ゼログラ、アイ・アスリートという「眼鏡市場」の３大ブランドがすべて出揃ったことで、非常に良い業績となりました。

その結果として、２０１１年の年度末、つまり２０１２年３月には、年間売上高でメガネ業界ナンバーワンになります。

創業者が、日本のトップになりたいとの思いを込め、社名をメガネトップと名づけてから31年――とうとう、メガネ業界のトップに立つことができたのです。

売上ナンバーワンになったことで社員は盛り上がり、特に昔からいる社員は感動も大きかったようです。

私自身はというと、喜びに浸ることよりも、次の展開を考えることで忙しかった記憶があります。正直なところ毎月の業績を見ていれば、いずれナンバーワンになることは見えていましたし、日本一は、あくまでも通過点だと考えていました。

数多くの従業員を抱えている企業は常に成長し続けなければなりませんし、私自身もまだまだ未熟なので、社長としてもっと成長するために勉強していかねばならないと思っていました。

２０１２年以降、「眼鏡市場」は売上や店舗数で業界首位の座をしっかりと守り続けていますが、まだまだ日本国内でのシェアも高めつつ、海外展開も拡大してグローバル企業にならねばと考えています。

コラム　眼鏡の聖地「鯖江」と「キングスター工場」

自社工場であるキングスター工場は、福井県鯖江市にあります。実は、日本で作られているメガネフレームの96％は、福井県鯖江市とその周辺地域（福井市、越前市、越前町）で作られています。日本には数多くの地場産業がありますが、メガネフレームほど生産地のシェア独占が進んだものはほかにないでしょう。

1997年に買収したキングスター工場ですが、そこからヒット商品が生まれるまでには、さらに10年以上の月日を要しました。やはり小売店とメーカーでは風土の違いが大きく、キングスター工場をフレームのヒットメーカーとして再生するまでに多大な時間がかかったのです。

今でこそ、私たちの会社になくてはならない存在となった鯖江のキングスター工場ですが、買収当時は反対意見が多く、工場のメンバーは針のむしろに座る気持ちでした。

周囲からの反対意見が多いなかで買い取ったキングスター工場は、店舗のスタッフにすると「売れない商品を作る」メーカーだったのです。

経営悪化に陥るようなメーカーを買収して、そこが製造する売れそうにないメガネを押し付けられるのでは、店舗にすると陳列スペースが無駄になり、商品の回転率が下がって売上が落ちるなど、歓迎できないことが多かったのです。

そのため当初の数年間は、傘下のグループ企業とはいえ、キングスター工場から「メガネトップ」店舗への出荷は、出荷総額の15％程度にとどまっていました。工場で作るフレームの大半は、従来どおりメガネ商社に卸してほかのメガネ店に回していました。

確かに、当時のキングスター工場で製造されたフレーム品質は、それほど高くありませんでした。工場の生産品は歩留まりが悪く、不良品での返品も多かったため、なかなか利益も出ませんでした。

工場を軌道に乗せるのは相当に難しく、黒字転換までには数年の月日が必要でした。それも、本社であるメガネトップに高く購入してもらうことで、なんとか赤字を補填するような状況だったと聞いています。

そんなキングスター工場を立て直したのは、工場長の吉田和弘です。吉田は、キングスター工場を傘下に加えてから3年後の２０００年に、私たちの会社に中途入社し

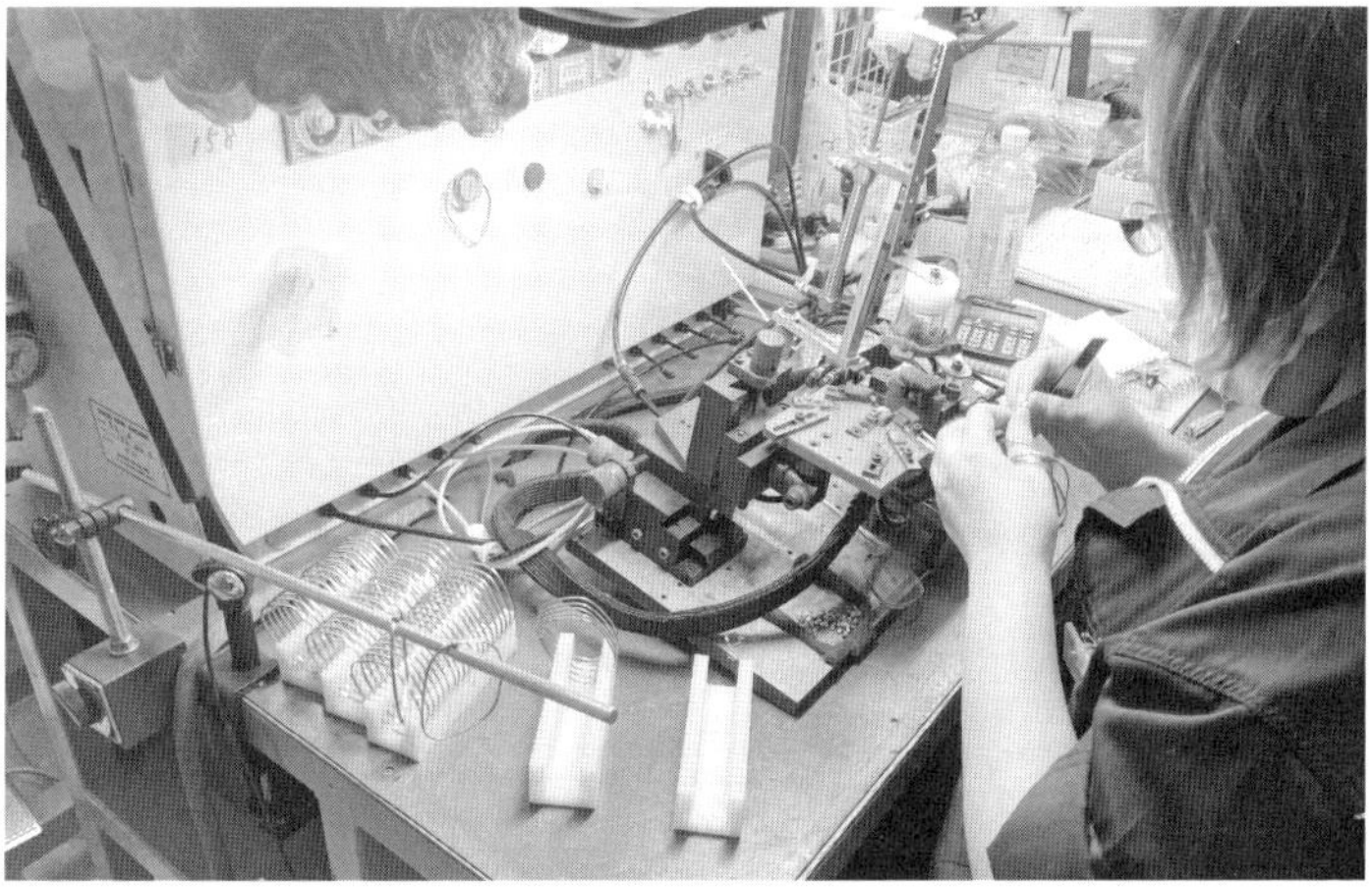

ロー付けの様子

仕上げ(パーツ組付・最終検品等)の様子

てきました。当時は、中国や韓国のメーカーから輸入したフレームを、日本で低価格で販売するメガネ店が出始めた頃であり、メガネ業界が激震した年でした。

私たちの会社も「ＡＬＯＯＫ（アルク）」という低価格メガネのサブブランドショップを出店し、ブームに追随していました。そこで販売するフレームは、私たちの会社が企画したものを中国の工場に直接発注して作っており、まさにユニクロ流のＳＰＡ（製造小売業）を、メガネ店で実践していたのが「ＡＬＯＯＫ（アルク）」です。

これの何が良いかといえば、中間マージンがかからなくなり、安価で良い商品が調達できるようになることです。自社工場で製造したほうがもっと安くなると考える人もいるかもしれませんが、当時の中国と日本の人件費を考えれば、中国へ発注したほうが安くなります。ですが、まだまだ品質では日本のメーカーに及んでおらず、ある程度の品質を求めると日本のメーカーへ発注することになります。なので日本のメーカーに発注するよりは自社工場で製造したほうが原価を抑えることができる、といった状況でした。

吉田が入社した２０００年は、メガネトップがキングスター工場で製造した独自ブランドを初めて発売した年でもありました。

２０００年４月に発売されたそのメガネの名前は「ナギー」。女優の片平なぎささんにデザインを担当してもらい、30～40代のミセス層をターゲットにした商品です。続いて、若者に人気のタレントの加藤晴彦さんをイメージキャラクターに迎えて「ＨＡＬ」を発売しました。こちらは、20代の男性をターゲットに、カラーバリエーションを豊富にして楽しさを演出した商品です。どちらもテレビコマーシャルを流し、大々的にイメージアップを図ったのですが、残念ながらあまり多くは売れませんでした。このように、自社でヒット商品を作ろうという試みは当初から続けられていましたが、なかなか、そう簡単には実を結びません。

経営側からすると、自社工場で商品開発を行うことで原価を抑え、他社と競合しない商品を販売できるのですから、価格競争にも巻き込まれない強力な武器として販売構成比を高めたかったのですが、店舗との意識のギャップを埋めきれないところもありました。

当時の店舗スタッフは次のように語ります。

「メガネトップの頃はディスカウントを売りにしていたので、お客様が知っているブランドのほうが説明しやすく売りやすい、ということはあったと思います。自社ブランドの場合は、お客様にその良さを改めて説明しなくてはならないので、なんとなく敬遠するところがあったかもしれません。また最初の頃は、特に品質面で期待を裏切られていた部分があり、デザイン面でもほかのブランドと比較して見劣りする部分があったので、積極的に販売するスタッフは少なかったと思います」

とはいえ、品質もデザインも一朝一夕には向上できません。なぜなら、メガネというものはとてもシンプルに見えますが、出来上がるまでには、フレームだけで200以上もの工程があるほど、複雑で繊細な製品だからです。

長い長い苦難の時代を経て、ようやく生まれた自社工場からのヒット商品が、2010年のフリーフィットでした。

第4章

業界の常識を超える
チャレンジ！
「眼鏡市場」の
マーケティング戦略！

競争の激しい業界で生き残るための社長の仕事

業界ナンバーワンの企業というのは、外からはうらやましいように見えるかもしれませんが、マネジメントの立場でいうといろいろな課題を抱えています。

一つは従業員のモチベーション問題です。

競合企業に対し追いつけ追いこせのうちは、「眼鏡市場」をナンバーワンにする強いモチベーションを保ちやすいのですが、業界ナンバーワンとなり業績が安定してくると気が緩んでしまうことがあります。また、入社してくる方の安定志向が強くなり、チャレンジ精神が薄くなる傾向もあります。

では、次にどのような目標を掲げればよいかというのは難しく、「売上を何千億円にする」とか「シェアを何十パーセントにする」といった具体的な目標を掲げても、それが全社的な数値になると店舗スタッフにはピンとこないこともあり、目標を共有しづらい場合があります。

どうしたらよいかと考えていたとき、当時の教育部長から「理念を大切にしたい」との提言を受けました。その提言をきっかけに、新しく理念を作成することにしました。当時の理念では継承したいものが網羅されていないと考えたからです。

「メガネトップ」の時代は、良くも悪くも〝いけいけどんどん〟で拡大路線をとっていたので、コンプライアンスが後回しにならぬように法令順守などを前面に押し出した理念になっていました。また、時代の変化による表現的な面も含めて、理念として継承したい内容が伝わりづらくなっていると感じる部分もありました。

そこで、会長の言葉や従業員の意見を取り入れた理念の刷新を行うことを決め、現在の理念を生み出し、メガネトップイズムの浸透を図りました。

新しい理念で最も大切にしたのは、お客様の立場に立って行動することです。

もともと「眼鏡市場」が生まれたのも「従来のメガネの価格システムはお客様にとって分かりづらいから変えていきたい」との思いからでした。その姿勢がお客様に支持されて業界ナンバーワンになれたのですから「お客様の立場に立つ」ことの大切さは、何度言っても言い過ぎるということはありません。

また、会社を一つにまとめるための理念といっても、経営陣と店舗スタッフとでは、働く場所や会う人が異なるので視野の範囲に違いがありますから、「企業全体の理念」、「経営における理念」「日々の行動の理念」といった具合に分けて、誰にとっても分かりやすくなるように心掛けました。

メガネトップの理念

企業理念

関わる皆の幸せを実現し、笑顔を創造します

経営理念

新たな付加価値を追求し、地域社会に貢献する革新的な企業でありたい

行動理念

- 私たちは、常にお客様の立場に立って考え行動し、喜びと感動を追求します
- 私たちは、チャレンジ精神をもって、最大の成果に挑み続けます
- 私たちは、高い志をもって自己研鑽に努め、日々の成長を追求します
- 私たちは、素直な心をもって、何事にも感謝する気持ちを行動で表します
- 私たちは、互いを尊重し、働きやすい風土、働きがいのある職場環境をつくります
- 私たちは、自らの社会的責任を自覚し、誠実に行動します

新しい経営理念に改定した２０１３年5月に、ＭＢＯ（マネジメント・バイアウト）で株式の上場を廃止しました。

株式の上場にはメリットとデメリットがあります。資金調達の面ではメリットがあったのですが、上場維持コストがデメリットです。しかしメリットであるはずの資金調達においても、株価を意識するあまりに短期的な視点に左右されるなど、中長期的な戦略においては足枷になるケースが増えていきます。

また、上場維持コストには経営者がＩＲに割かれる時間も含まれており、社長である私の時間が費やされます。経営基盤を強固にするための優先事項を整理し、検討した結果、上場廃止を選択することになりました。

上場廃止によりＩＲ活動がなくなったことで意思決定のスピードが速くなり、その時間を、中長期視点での戦略構築や、従業員とのコミュニケーションに充てることができるようになったので、ＭＢＯの判断は正しかったと考えています。

フリーフィットだけじゃない！　新商品を次々と開発

２０１２年3月に年間売上高で業界ナンバーワンとなってから、「眼鏡市場」は絶好調でした。

フリーフィット、ゼログラ、アイ・アスリートの３大ブランドの人気は高く、イメージキャラクターも3年目に入ったベッキーさんと、前年から加わった松岡修造さんとの組み合わせに勢いがありました。

フリーフィットは、２０１２年3月に追加された新カラー6色をもって、バリエーションが31にのぼりましたが、いつまでもフリーフィットに頼っているわけにもいきません。次はフレームではなくレンズでヒット商品を作りたいと、レンズの新商品の開発に取り組みました。

それがアイリラックス（ｉ－ｒｅｌａｘ）です。

アイリラックスは、30～40代の人に向けた累進レンズです。累進レンズとは、遠近両用レンズのようにレンズの上半分が遠くを見る用途に調節され、レンズの下半分は読書やパソコンなど近くを見る用途に調節されたものをさします。

アイリラックスの「ちかラク」の仕組み

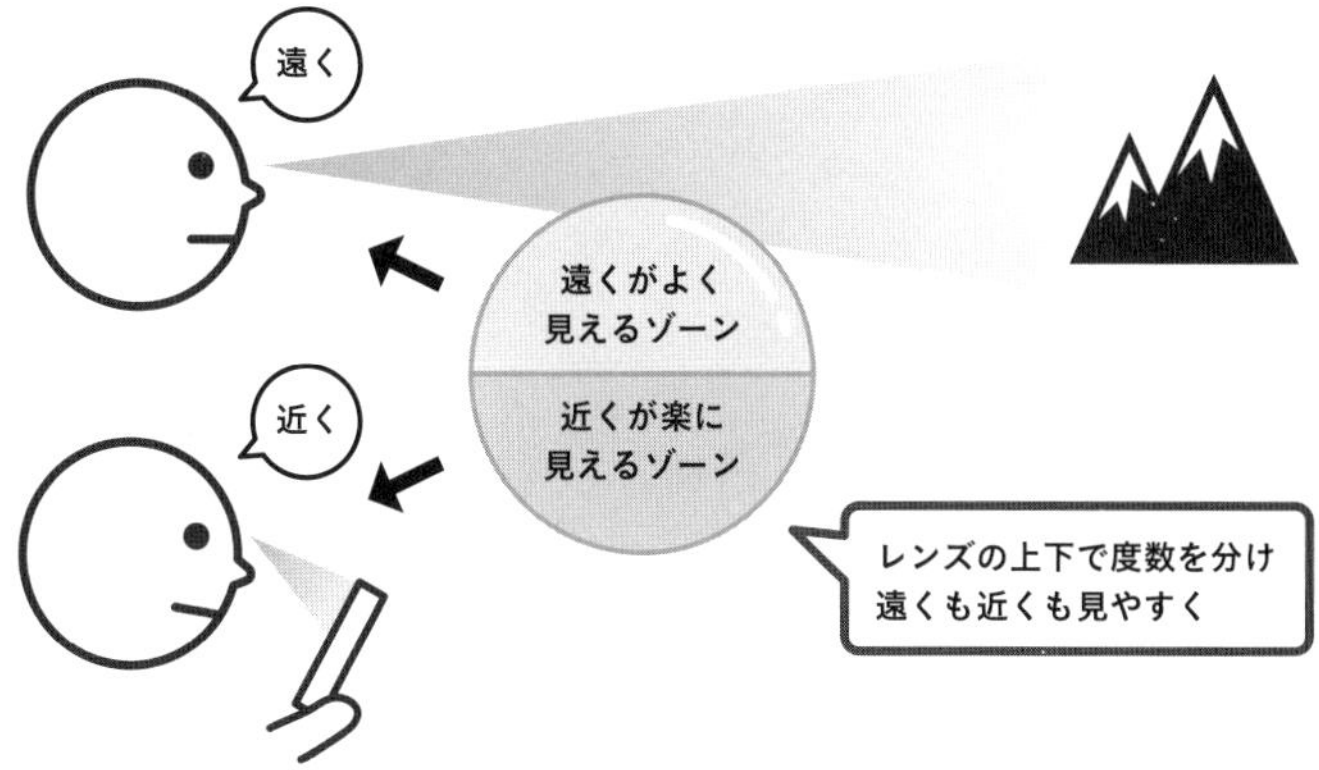

30代になると、目の調節力の低下により眼精疲労や手元の文字の見にくさを感じる方もいらっしゃるのですが、遠近両用というと高齢者のイメージがあること、また一般的に遠近両用レンズの価格が高いことから、目の負担が軽減できると分かっていても、遠近両用レンズを選ばない方が多くおられます。

そこで「眼鏡市場」では、まずはイメージを一新すべく、遠近両用ではなく「アイリラックス」という名前を掲げ、「忙しい30〜40代のための疲れにくいレンズ」として売り出しました。

２０１２年12月からテスト販売を開始し、売れ行きが良いことを確認したのち、２０１３年4月からはテレビコマーシャルも活用して本格的な販売に入ります。

ユニークな見た目のネオテックス

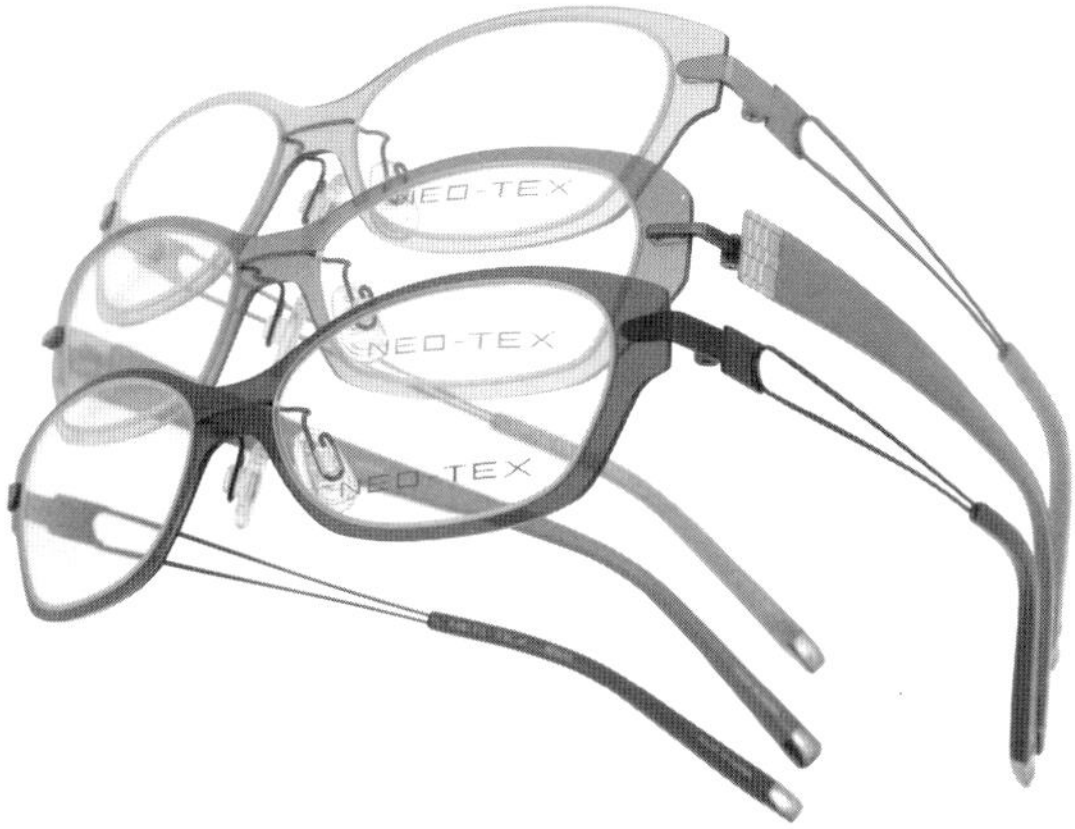

アイリラックスのキャッチコピーは「ちかラク」です。近くを見るときに目がラクになることを端的に伝えるものとして考えました。30代や40代の人にも目の健康について考えてもらい、遠近両用レンズへの抵抗感をなくしてもらいたいと、価格もリーズナブルに通常価格に＋２０００円で選べるようにしました。

それでもアイリラックスは、テレビコマーシャルで結構な広告費をかけたことも鑑みると、期待したほどの普及はしませんでした。今でこそ、目の健康を考えてレンズを選ぶ方が増えてきましたが、当時はまだ時代が追いついていなかったのかもしれません。

それなら、やはりフレームで勝負しようと

いうことで、７月に発売した新しいフレームがネオテックス（ＮＥＯ-ＴＥＸ）です。

ネオテックスとは、消防士のフェイスシールドなどに使われる、薄くて軽くて硬い、透明感のある新素材「特殊強化プラスチック」を利用したフレームです。

「軽くて掛け心地の良いフレーム」が売れるというこれまでの経験から、薄くて軽い「特殊強化プラスチック」をフレームの形に型抜きしたメガネです。

平面的で透明というところが非常に新しく近未来的なデザインでしたが、少しインパクトが強過ぎたのか、フリーフィットやゼログラほどの売れ行きとはなりませんでした。

しかし、見た目のユニークさからか一定の根強い人気があったので、セカンドコレクションまで続けたのですが、素材が硬いことでレンズの装着が難しく、加工を行う店舗スタッフからの評判があまり良くなかったこともあり、結局は売り切りとなりました。

ロープライスショップの台頭と売上低迷期

「眼鏡市場」では従来、「ＪＩＮＳ」や「Ｚｏｆｆ」といった低価格メガネ店とは直接は競わない戦略をとってきました。際限のない価格競争にならないように、低価格メガネはサブブランドである「ＡＬＯＯＫ（アルク）」に任せて、「眼鏡市場」本体は中級価格帯で勝負していました。

「ＡＬＯＯＫ（アルク）」とは、若者に人気の低価格メガネブランドのブームに追随するべく、「眼鏡市場」よりも前に立ち上げていたサブブランドです。

ところがこの頃になると、「ＪＩＮＳ」や「Ｚｏｆｆ」が広告や出店による戦略を進め、「ＡＬＯＯＫ（アルク）」の業績低迷が目立つようになりました。「眼鏡市場」よりも前に誕生していた「ＡＬＯＯＫ（アルク）」ですが、それほど店舗数は多くなく、メガネトップとしても今やメインブランドとなった「眼鏡市場」へ注力していたこともあり、「ＡＬＯＯＫ（アルク）」は、低価格メガネ店としての競争力が弱まっていたのです。

サブブランドの業績低迷はそのままメガネトップの業績低迷につながります。ニーズが増してきた低価格マーケットのなかで、店舗数を増やし知名度の上がってきた競合に対抗すべく「ＡＬＯＯＫ（アルク）」の対策が始まりました。

まず、それまで店舗数が少なく知名度が低かった「ＡＬＯＯＫ（アルク）」を大々的にアピールすべく、若者に人気のきゃりーぱみゅぱみゅさんを起用した広告やテレビコマーシャルを流しました。

また、それまで統一されていなかった「ＡＬＯＯＫ（アルク）」の店舗ロゴを統一し、店舗の改装を行うことでブランド力の強化を図ったのです。しかし、「眼鏡市場」と同様の戦略を打ったものの、店舗数の少ない「ＡＬＯＯＫ（アルク）」では売上で広告や改装のコストを賄うことが難しく低迷が続きました。

それなら店舗数を増やそうと「ＡＬＯＯＫＩＮ（アルクイン）」という計画が立ち上がります。

ALOOKIN(アルクイン)とエイトプライス

２０１４年から始めた「ＡＬＯＯＫＩＮ（アルクイン）」は、「眼鏡市場」店舗の中に「ＡＬＯＯＫ（アルク）」を導入し、「眼鏡市場／ＡＬＯＯＫ（アルク）」の複合店舗を展開するものです。

「眼鏡市場」で販売しているメガネの価格は１万５０００円からです。そこに５０００円から購入できる「ＡＬＯＯＫ（アルク）」の商品を投入することで、これまで「眼鏡市場」の価格設定を「高い」と感じてしまうお客様の購入を促すことができるほか、予備や使い分け用のメガネが安価で提供できると考え、展開する店舗を一気に増やしていきました。

眼鏡市場、ALOOKと競合他社のポジショニング

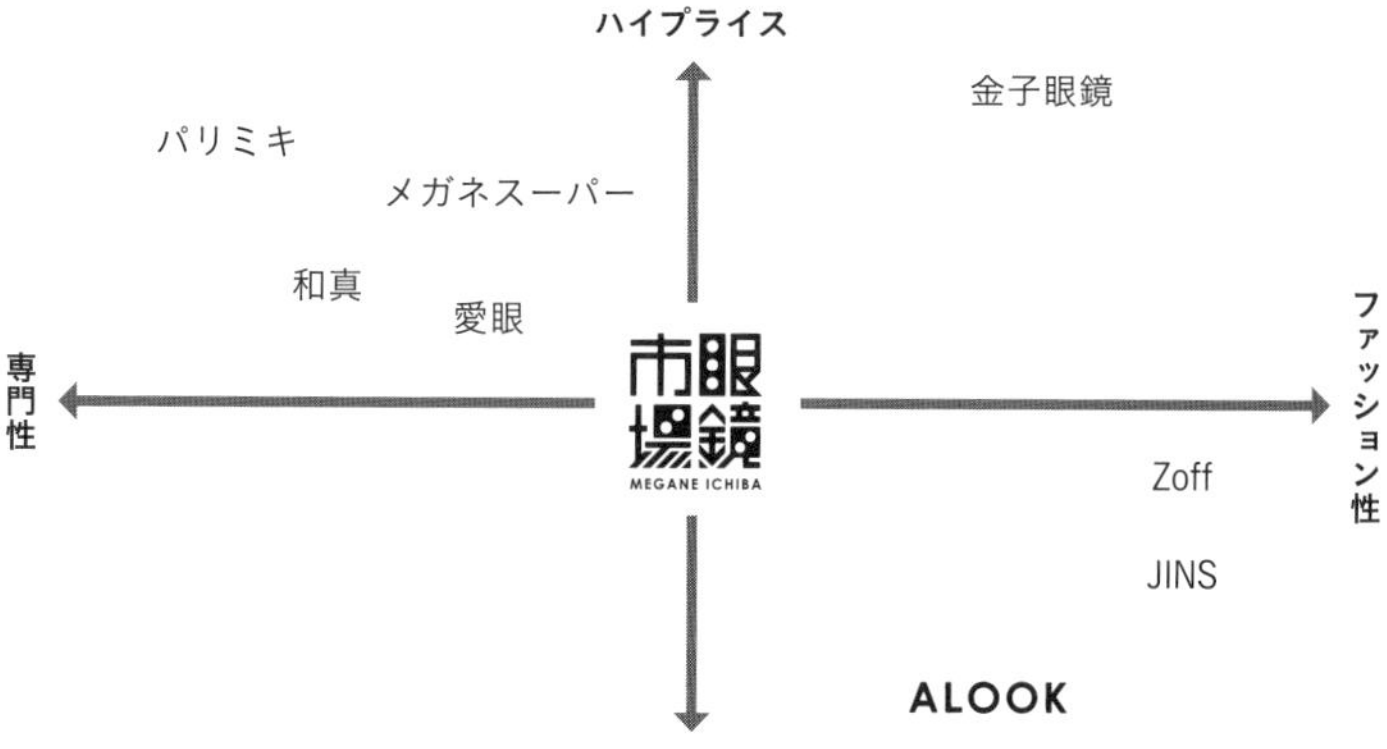

（当社調べ）

しかし結果からいうと、「ＡＬＯＯＫＩＮ（アルクイン）」はうまくいきませんでした。お客様からすると、同じ店舗の中なのに「眼鏡市場」の商品はレンズの追加料金なしで、「ＡＬＯＯＫ（アルク）」の商品にはレンズの追加料金がかかるためシステムが分かりにくく「追加料金なしじゃなかったの？」とか「誤魔化しているんじゃないか？」といった、クレームになってしまったのです。

そこで今度は、「ＡＬＯＯＫ（アルク）」の商品を「眼鏡市場」に統合して、それまで１万５０００円、１万８０００円、２万４０００円のスリープライスだったところに、１万２０００円や８０００円といった価格帯を作り、追加料金なしで販売しようと考えた、「エイトプライス」という新しい価格帯を生み出しました。

現在では、都市部やショッピングモール内の一部店舗で、９０００円のセットから高額のブランドフレームまで幅広い価格を取り扱い、より多くの方に「眼鏡市場」をご利用いただいております。これは、「ＡＬＯＯＫＩＮ（アルクイン）」から「エイトプライス」までの取り組みから派生して生まれたサービスです。

世界的デザイン事務所「nendo」とのコラボレーション

２０１３年11月25日の月曜日の夜、ＮＨＫのテレビ番組『プロフェッショナル 仕事の流儀』が放送されました。

そのとき、取り上げられていたのはデザイナーの佐藤オオキさんで、バカラやエルメス、ルイ・ヴィトンといった、世界の名立たるブランドからデザインを頼まれる35歳の若き日本人でした。

番組では、佐藤オオキさんが、福井県小浜市に出張して箸のデザインをしていました。

箸のようなシンプルなものは、これ以上デザインしようがないように思われますが、そこで誰も見たことのない箸が提案されます。

それを見ていた、当時ＦＣ事業本部のマネージャーを務めていた濱崎亮の頭に、「メガネという、これまたあまり形を変えられない製品でも、メガネ作りの職人と佐藤オオキさんのデザインとが組み合えば、誰も見たことのない新しいメガネが出来上がるに違いない」といった考えが浮かびました。

メガネの企画開発とはほとんど無縁の部署にいた濱崎ですが、熱意を止められずに企画書を仕上げ、社長である私のもとに直談判に来ました。

濱崎は、当時の状況をこう語ります。

「上司にはさすがに『なんでおまえがそんなことしてるんだ』と言われたのですが、社長は許容してくれるというか、何でも挑戦することを許してくれる人です。社長ご自身も、興味をもったことがあればすぐに動くので、そういう企業風土ができています」

濱崎の提案は、私も面白いと感じました。

そこで翌２０１４年１月に、佐藤オオキさんが代表を務めるデザイン事務所ｎｅｎｄｏ社へ正式な問い合わせを行いました。

何度かのやりとりを経て判明したことは、なんと「眼鏡市場」と競合する大手のメガネ店もまた、おそらくはＮＨＫの番組を見てｎｅｎｄｏ社にコンタクトをとっていたことでした。やはりメガネのデザインバリエーションの少なさは、メガネ業界にいる誰もが感じていて、佐藤オオキさんであれば、その殻を破ってくれるとの期待があったのでしょう。

ｎｅｎｄｏ社からは「私たちは全力でメガネをデザインするので、そのためには当然、一社としか組めません」との回答がきました。ということは、メガネチェーン店同士での競争になります。

６月には、交渉のために私もｎｅｎｄｏ社を訪問し佐藤オオキさんと対面しました。佐藤さんも若い社長ですが、私はもっと若かったので驚きがあったようでした。そこで佐藤さんのデザインにかける情熱を聞かせていただき、ぜひこのプロジェクトを成功させたいと思いました。

しかし、契約締結に向けて交渉を開始したところで思わぬ難関に突き当たります。ｎｅｎｄｏ社から提示された契約条件と、私たちの会社の思惑に大きなギャップがあったのです。契約内容に対して要求された価格が高額であったため、価格の引き下げを交渉したのですが、そこで暗礁に乗り上げてしまいました。

濱崎は、関係者を集め交渉内容をゼロベースで検討し直します。そこからなんとか合意に至るよう再提案を行い、最終的に契約が締結できたのが10月のことでした。濱崎がＮＨＫのテレビ番組を偶然見た日から、すでに1年近く経っていました。最後は濱崎の熱意に佐藤オオキさんが応えてくれたのだと思います。

佐藤オオキさんの斬新な発想に驚く

ｎｅｎｄｏ×「眼鏡市場」のコラボレーションプロジェクトがスタートしました。最初にｎｅｎｄｏチームが鯖江のキングスター工場を訪問し、メガネがどのように作られているかを視察します。次に濱崎や吉田を交えて方向性ついて打ち合わせを行いました。

ｎｅｎｄｏチームとの打ち合わせで出てきた方向性は2つでした。ｎｅｎｄｏ×「眼鏡市場」で、まったく新しい製品を作るか、あるいはすでにある「眼鏡市場」の製品を改良するかたちでブラッシュアップするのか、です。さまざまな意見交換がなされましたが、最終的に後者に決まりました。

ｎｅｎｄｏチームも感心してくれた、グッドデザイン賞受賞製品のゼログラには、折りたためないという特徴がありますが、これをｎｅｎｄｏのデザインで折りたためるようにしようということになったのです。

12月、ｎｅｎｄｏチームから5種類の「折りたためるゼログラ」の提案が届きました。いずれも既存のメガネの発想を超えており、感嘆せざるを得ませんでした。

しかし、工場長の吉田は不安を覚えていました。5種類のデザインのなかには、見るからに耐久性に欠けており、製品化できないものも含まれていたからです。

「眼鏡市場」のメガネは、2万回の開閉試験に耐える頑丈さがなければ、製品として売り出しません。2万回というのは、一日4回開閉すると仮定して14年間使用することができる計算です。

そこまで長く使わないとしても、私たち「眼鏡市場」は、お客様に新品を手渡した時点ではなく、日常生活でそのメガネが同じ機能を保つことを重視しています。

ｎｅｎｄｏチームのデザインは、アイデアと発想はすばらしかったものの、日常的に使うメガネとして製品化するには無理のあるものでした。

それでも、一旦は鯖江に持ち帰り技術者に相談した吉田でしたが、案の定、協力工場の技術者からはネガティブな意見が続出しました。

吉田は濱崎に、ぼやきました。

「例えばパリコレで披露される服のなかにも、ショーの着用だけを考えて作られていて、洗濯や着脱すら困難なものがある。あれはそういうデザインなんだ」

濱崎は吉田に答えました。

「太さとか素材とかを工夫して何とかデザインを形にするのが、鯖江の職人の心意気じゃないですか。チャレンジしてみましょうよ」

そこまで言われれば、やらないわけにはいきません。吉田は鯖江の職人と一緒に試作品作りに励みました。

鯖江メガネ職人の意地

ｎｅｎｄｏデザインの試作品を作りつつ、そこに共通して見られる耐久性の欠点を補うため、鯖江チームはまったく別の新たなデザインを考えていました。

吉田には、佐藤オオキさんの常識を超える発想力への驚きと同時に「鯖江の職人のアイデアで、あの人を逆に驚かせてやりたい」という挑む気持ちが芽生えていました。

ゼログラの試作品

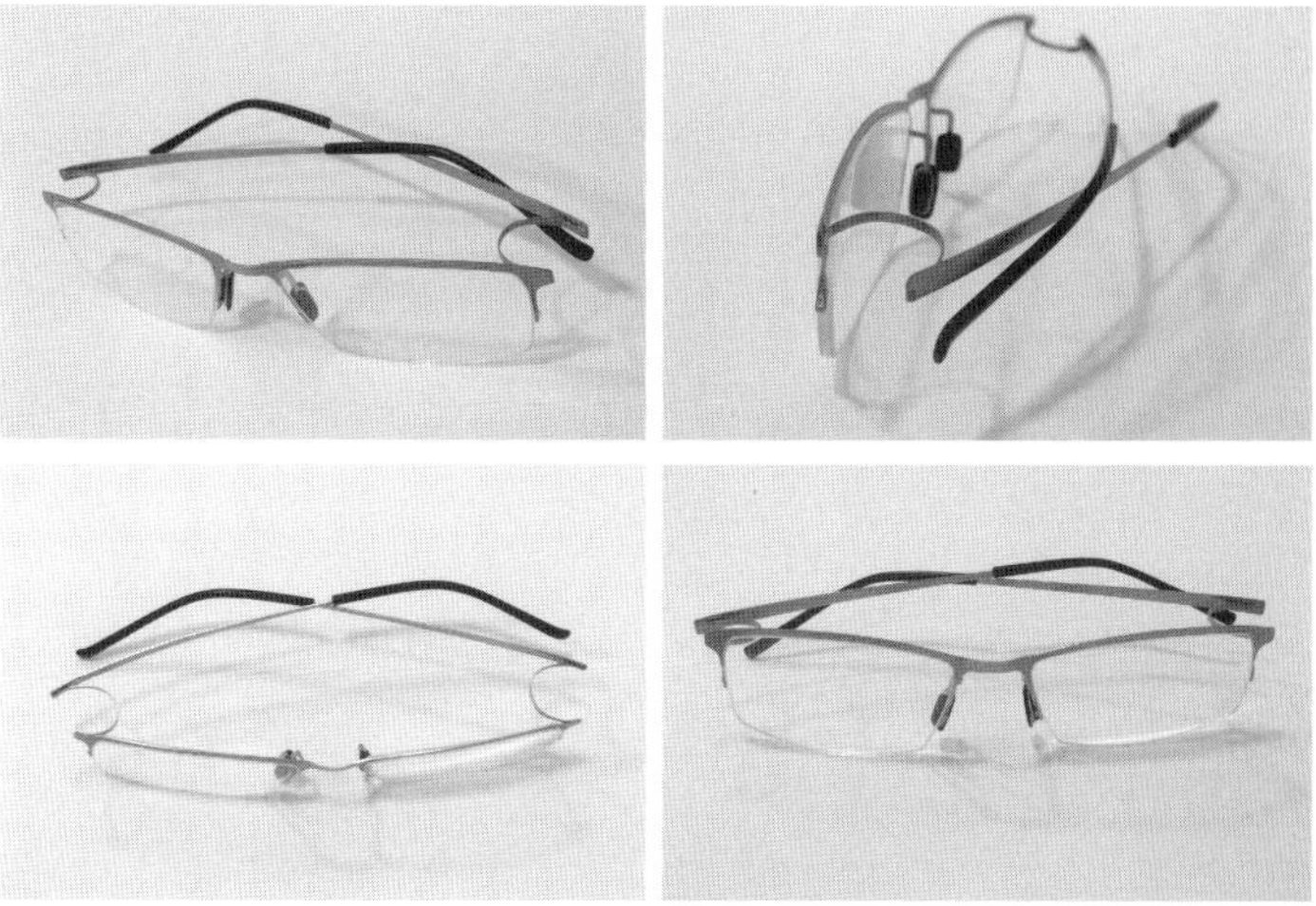

　そうして吉田が率いる鯖江チームがデザインしたのが試作初号機となる「タタメルタイプ」です。従来のゼログラはテンプルが外側に広がる構造になっていましたが、そこを逆向きにすることで内側に自然と折りたたまれるようにしたものでした。

　２０１５年1月、ｎｅｎｄｏチームデザインと鯖江チームデザインの両方の試作品が出来上がりました。そこでは、鯖江チームの「タタメルタイプ」を初めて見たｎｅｎｄｏチームから、素直に驚きの声があがります。

「これはすばらしいアイデアですね。シンプルで無駄がない」

「眼鏡市場」とｎｅｎｄｏ社のミーティングは、お互いの意地がぶつかり合う常に緊張したものでしたが、プロフェッショナル同士が意見を戦わせる楽しさがあり、そこから生まれた成果には確かな感動がありました。

ところが、その「タタメルタイプ」ですらも製品化が難しいものでした。バネの力で折りたたまれているメガネを開いて掛けるときに、ヒンジ部分に応力が集中するため、耐久度を見る開閉試験で５０００回を超えたところで、ヒンジが壊れてしまったのです。現実の壁の高さに、ｎｅｎｄｏチームも鯖江チームも落胆します。

さらに、そのほかのデザイン案の多くが、耐久性や安全面に不安があることから製品化は困難との判断になりました。

３月、耐久性を増した「タタメルタイプ」は、開閉試験で1万５０００回をクリアしますが、あと５０００回の壁が越えられていません。ここまで来ると鯖江の職人の技術力頼みです。試行錯誤が繰り返される最中、改良がうまくいくことを前提とした商品化計画を練り始めました。

５月、「タタメルタイプ」がついに2万回の耐久性試験をクリアし、製品化の目途がつきます。そこから監修のｎｅｎｄｏ社による細かな部分のブラッシュアップを経て、７月、ついに商品が完成し、12月の年末商戦での発売に向けた準備が始まりました。

デザイン・プロジェクトが始まってから半年間、ｎｅｎｄｏ社と最初にコンタクトをとってから数えれば1年半にのぼる苦節の日々に、一同感無量でした。

「タタメルタイプ」のほかに、「フロータイプ」と「カシメルタイプ」の3種類のゼログラが同時発売されることになりました。

「フロータイプ」は、従来のゼログラでは軽さを追求するために使用できなかった大きなレンズ（玉型）をホールドできるようにしたものです。

一方「カシメルタイプ」は、やはり従来のゼログラが軽さを追求してテンプルを細くしたために作れなかった、さまざまなカラーのテンプルを楽しめるようにしたものです。リムとは別に製造したカラーのテンプルを、ロウ付けではなく「カシメ」技法で接合することに成功しました。どちらも、従来のゼログラにはなかった、見た目のバリエーションを増やすものです。

発売直前まで一触即発のコラボレーション

商品が出来上がってもｎｅｎｄｏ社の仕事は終わりません。

店舗デザインも手掛ける佐藤オオキさんは、その商品をいかに店舗にディスプレイして、いかにお客様の心を惹きつけるかに対しても独自のアイデアをもっています。そのため、ｎｅｎｄｏ社の監修はメガネケースや陳列台にまで及びました。

８月から始まったディスプレイとケースのデザインは、何度も試作品を作り直す想定外の困難を伴います。

まず、メガネのモダンの端を２点で引っ掛けることで、フレーム全体を斜めに浮いているように見せる、ディスプレイ用のメガネスタンドがありました。この見積り価格が「眼鏡市場」にとっては高過ぎたのです。ディスプレイ用の製品であり、販売する商品ではないため、そこまでのコストはかけられないと打診するも、ｎｅｎｄｏ社は、トータルプロデュースをしてこそ魅力が発揮すると考えているので、それが叶わないのであれば身を引きたいというのです。

佐藤オオキさんのように世界で認められるには、仕事に対する熱意とこだわりがあってこそだと、私たちも勉強させてもらいました。

最終的には、渋谷店をはじめとする一部の店舗にだけ、ｎｅｎｄｏ社監修のディスプレイ用メガネスタンドを置くことで合意したのですが、さらに次の問題が待ち構えていました。

「nendo × ゼログラ」コラボレーションのパンフレット

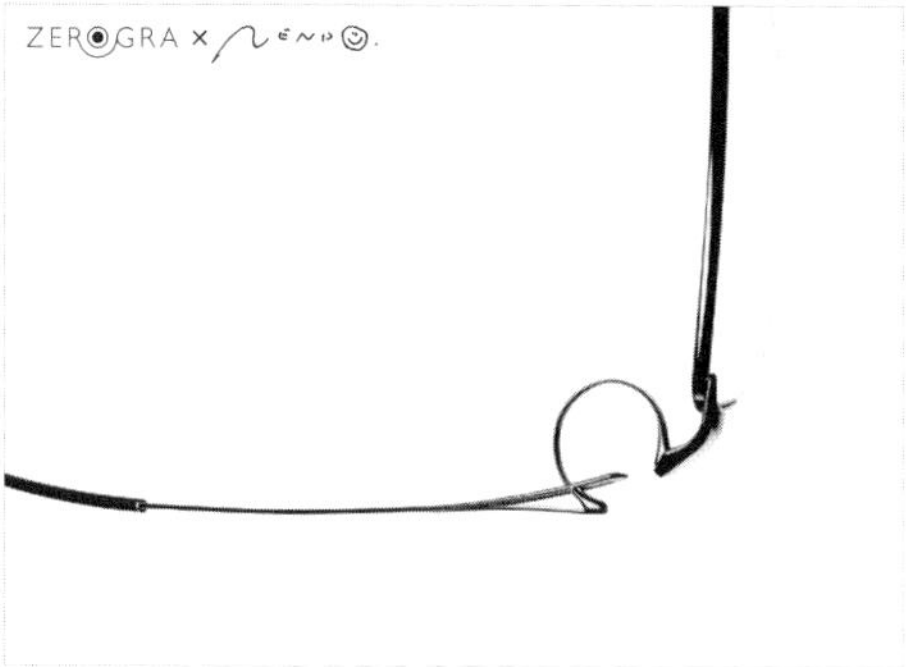

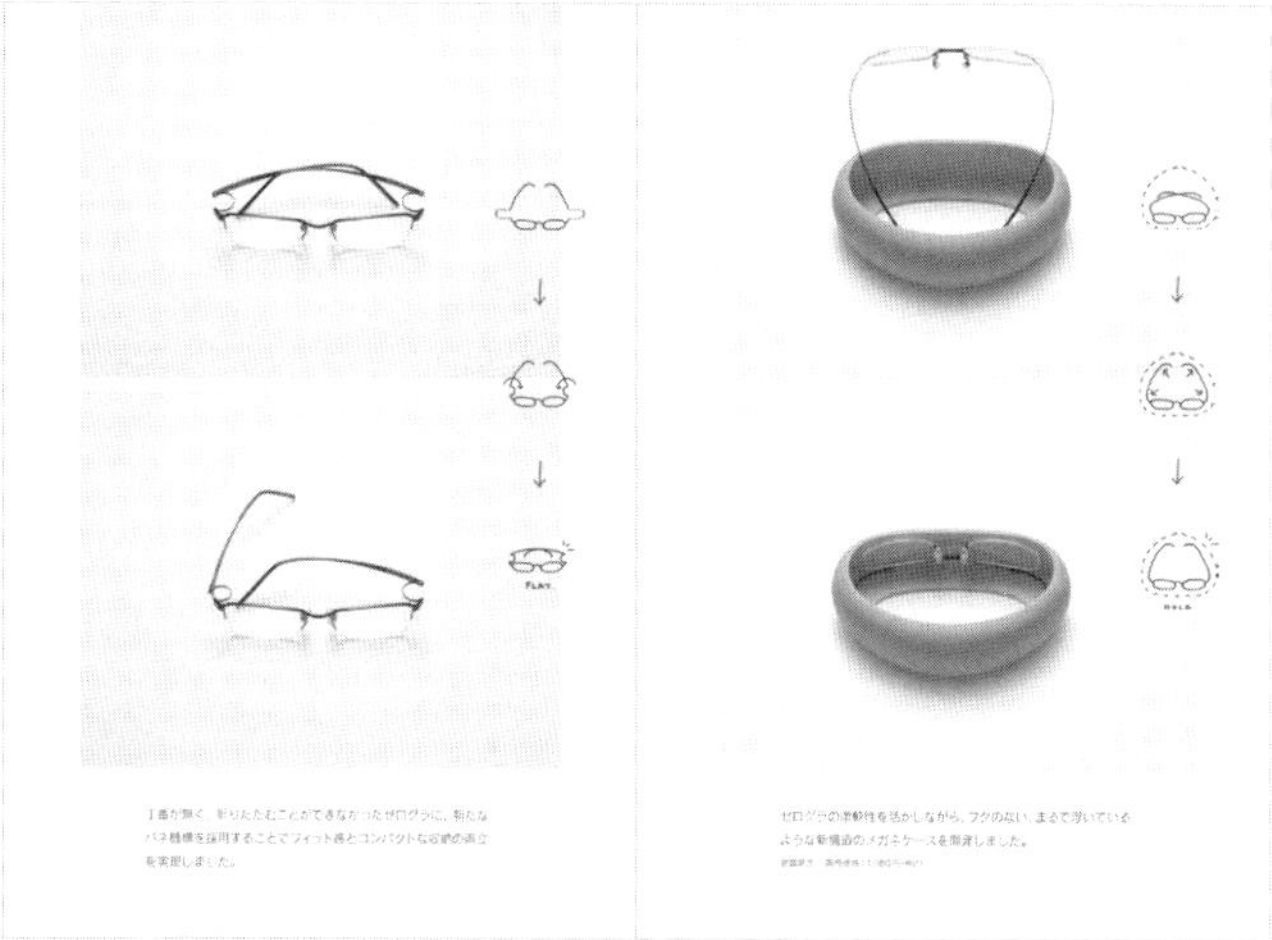

今回のコラボレーションのパンフレットを、ｎｅｎｄｏ社が指定する写真家で撮りたいと言ってきたのです。これがまた通常「眼鏡市場」が撮影に費やしている金額よりもかなり高く、なぜパンフレットにそこまでのクオリティが必要なのか、本当にその金額だけの差があるのか、私たちにはなかなか理解できず、またしても話は並行線をたどりました。

私たちからすると、ｎｅｎｄｏ社は自分たちのやり方にこだわりすぎると思っていましたが、向こうは向こうで同じように思っていたことでしょう。企業文化の違いとは、時にこのような摩擦を生んでしまうものです。

実際、この企画自体も何度も空中分解の危機に陥りました。それでも完成までこぎつけられたのは、佐藤オオキさんのデザイナーとしての意地と、吉田の職人としての意地がぶつかり合い、お互いに一歩も引かないなかにおいても尊重と敬意があったからでしょう。おかげで、ｎｅｎｄｏ監修のゼログラは、緊張感の溢れるすばらしいプロジェクトになったと思います。

２０１５年12月に発売された新しいゼログラは、目論みどおり話題になり、多くのお客様に喜ばれました。この２０１５年から、「眼鏡市場」の業績は再び右肩上がりとなり、現在に至ります。

「ｎｅｎｄｏ × ゼログラ」のコラボレーションは好評で、２年後の２０１７年12月には第二弾を発売しました。

第二弾では、チタンフレームが売りのゼログラに樹脂を使用したり、レンズを折りたたんでメガネ全体を薄くしたりと、また新たな発想に取り組みました。

基本的にメガネなど普段使いの商品は、あまり奇抜なものは好まれません。しかしｎｅｎｄｏ社のデザインは、そのあたりにも配慮が行き届いており、ユニークなのに機能性も高く作られています。そのため売れ行きもかなり好評で、業界内外には「眼鏡市場」のチャレンジ精神をたたえる声が溢れました。

いまだに展示会などで、「よくあんなものを作ったね」と話題にしてくれるほどです。メガネ業界では、変わった形のフレームは売れないというのが定説になっていますから、大金をかけて斬新なフレームに挑戦することは大冒険なのです。

佐藤オオキさんが率いるｎｅｎｄｏ社とコラボレーションしたことで、「眼鏡市場」は業界を牽引していく企業であると、名実ともに認められた気がします。

実際、ｎｅｎｄｏ社とコラボレーションしたゼログラには、海外のメガネ会社から「商品を売ってほしい」とのオファーがたくさん届きました。しかし、私たちは「眼鏡市場でしか買えない」ことにこだわりたいと考えているので、すべてお断りしました。

私たちの高い技術力が、世界中で認められたものだと受け止めています。

「眼鏡市場」は小売店というイメージが強く、あまり知られていませんが、海外のメガネ会社から「売ってほしい」とのオファーを頂ける商品を企画開発するメーカーであることも、もっと知られてもよいと思います。

コラム　新しいアプローチでの商品開発

濱崎がｎｅｎｄｏ社とのコラボレーションを企画した背景には、その当時、多くのメガネチェーン店が数多くのコラボレーションを行っていたことと、その相手がアニメやゲームばかりで、大人向けの企画がなかったことがあります。

「眼鏡市場」でも、２０１３年にディズニーキャラクターデザインの子ども向けメガネを発売していますが、大人向けのメガネで本格的なコラボレーションは、ｎｅｎｄｏ社が初めてです。しかしながら「ｎｅｎｄｏ × ゼログラ」の開発が長引いたために、発売自体は２０１４年５月の「眼鏡市場 × 戦国無双４コラボレーションフレーム」が先になりました。

この企画は、営業ブロック長からの発案でした。競合他社はよくアニメやゲームとのコラボレーションを行っていましたが、「眼鏡市場」ではゲームとのコラボレーションは初めての試みで、現場には混乱もありました。

例えば、アニメやゲームのファンには、発売日にいち早くその商品を手に入れたいという欲求が強い方も多く、「眼鏡市場 × 戦国無双4コラボレーションフレーム」も、発売前から問い合わせに追われました。また、取り置き予約など販売ルールが決まっていないなかで、店舗は問い合わせの電話に対応することになります。

ほかには、発売当日は、オープン前からファンが行列を作るほどの人気となりましたが、しばらくすると、ぱたりと売上が止まってしまいました。これもまた特徴の一つです。

とはいえ、普段なら来店する機会の少ないお客様に、「眼鏡市場」の購入体験をしてもらえる良い戦略だと思います。

２０１６年に「眼鏡市場」がコラボレーションしたのは、主人公自身がメガネを掛けていて、目標に向かい頑張る姿がとても印象的で好感がもてる『弱虫ペダル』です。

『弱虫ペダル』とのコラボでは、主人公の小野田坂道をはじめとし、20人近いキャラクターにメガネを掛けてもらい、それぞれのキャラクターに合わせたフレームを開発しました。

自転車競技がモチーフの作品なので、実際に自転車に乗るときに使用される方も多く、カラーレンズや調光レンズなどの組み合わせも好評でした。

そのほかにも『デジモンアドベンチャー』や『文豪ストレイドッグス』『モンスターハンター』など、若者に人気のある作品とのコラボを行い、積極的にアピールを行っています。

２０１４年には、社内公募で新商品を開発するという新たな取り組みを行いました。

それが12月に発売された、シルバーコレクションです。

２０１４年度というのは「眼鏡市場」の低迷期でしたが、ゲーム『戦国無双４』とのコラボ、アパレルとのライセンス契約、パーフェクトＵＶブロックのレンズ、ゴルフ専用サングラスなど、短期間で多くの企画に取り組んでいました。そのなかの一つがシルバーコレクションになります。

店舗巡回をしているなかで「店舗のアイデアを商品企画に反映させてほしい」との声があり、各店舗から集めた30くらいのアイデアから厳選した８つに絞り、企画者を本社に招いてプレゼンテーションをしてもらいました。いわば社内公募の企画コンテ

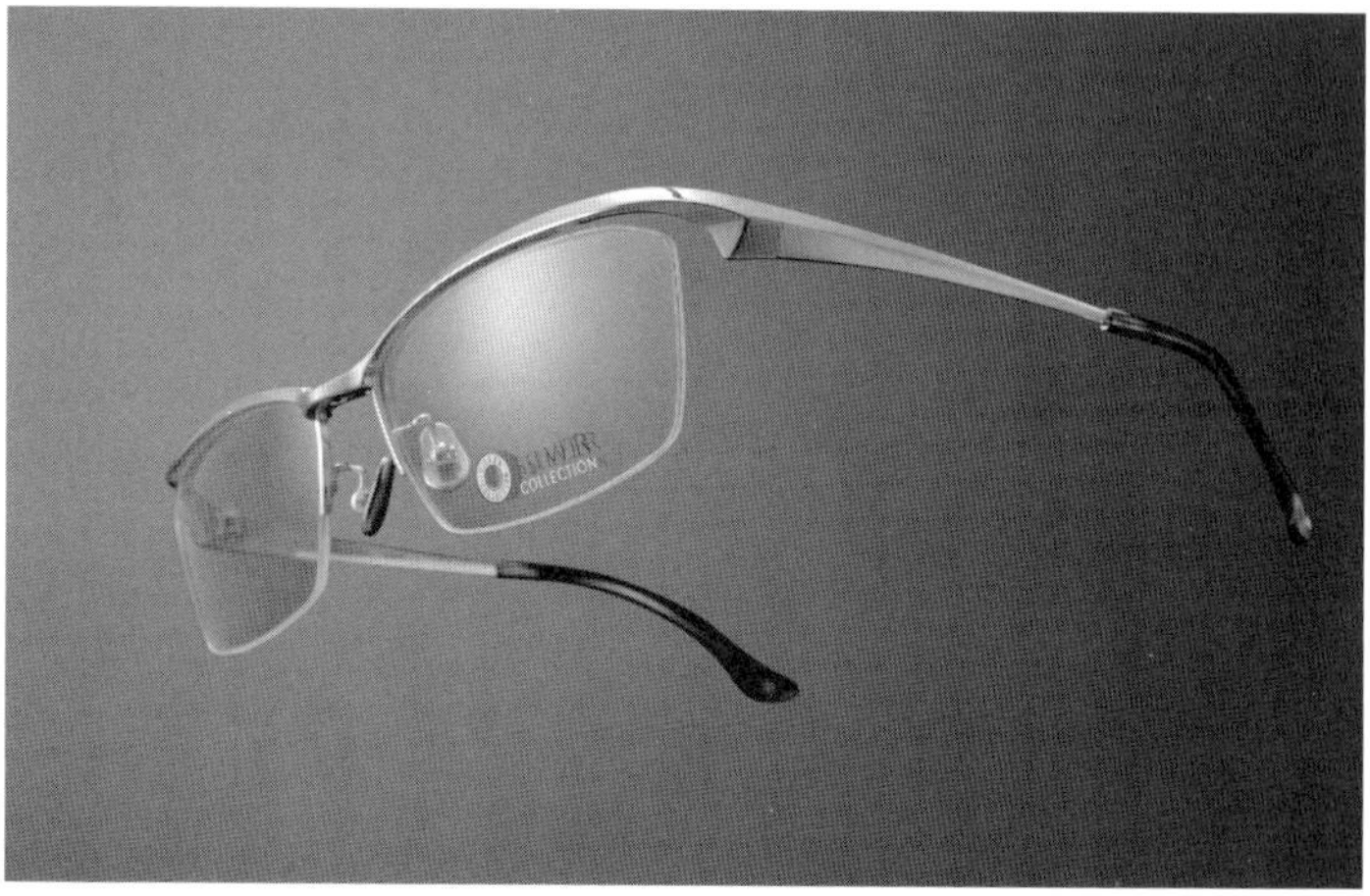

シルバーコレクション

ストです。

　シルバーコレクションを提案したのは、現場の店長でした。シルバーの光沢感や質感が放つ都会的で洗練されたイメージを形にしたアイウェアシリーズで、カッティングや配色、パッドに至るまでシルバーを主役にデザインしています。もともと「眼鏡市場」には、ミドルシニアの男性のお客様が多いのですが、そういった方が、ちょっと目立ちたいときに選ぶようなフレームがなかったので採用しました。

　ちょうどこの時期に、テレビコマーシャルに出ていただいていた渡辺謙さんのイメージにも合い、シルバーコレクションは2014年最大のヒット商品と

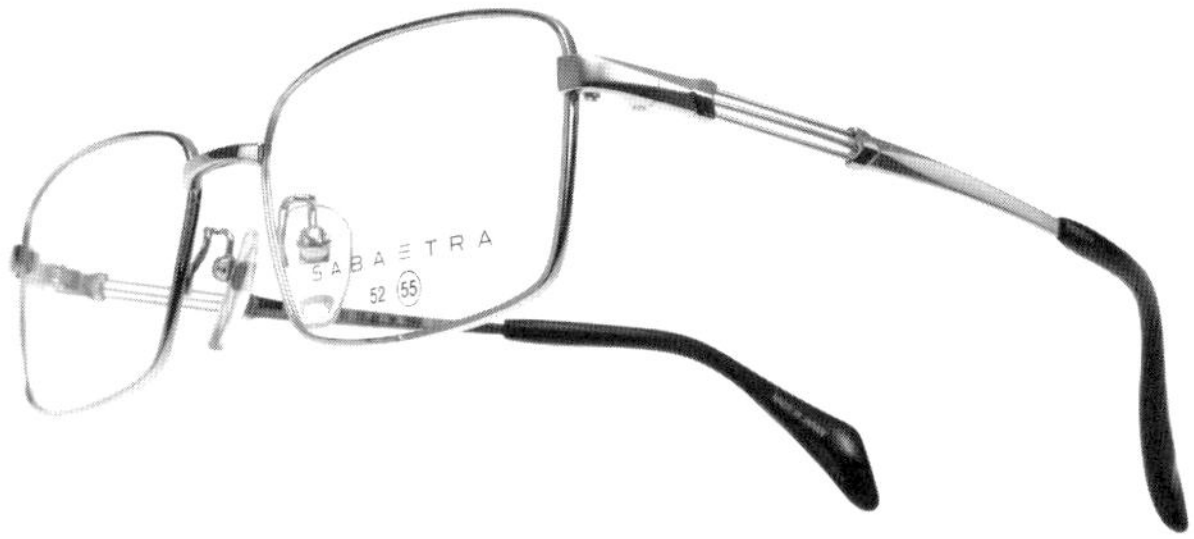

サバエ・トラディショナル

なります。

この年末のテレビコマーシャルでは、シルバーコレクションだけでなく、鯖江の伝統的な製品であるチタンフレームに、サバエ・トラディショナルと名づけた通称サバトラとを、あわせて売り出しました。

「おまえはCEOになりたいか？　それともクリエイターになりたいのか？　どっちだ？」と煽るナレーションのなかで、CEOならチタンのサバトラ、クリエイターならシルバーコレクションと、渡辺謙さんが一人二役を演じた勢いのあるテレビコマーシャルです。製販一体で良い商品を作っていることを訴求する目論みと、業績回復の弾みをつける狙いのテレビコマーシャルでした。

シルバーコレクションは、それから6年経った今でもコンスタントに売れ続けているロングセラー商品です。

第5章

関わるすべての人を笑顔に――「眼鏡市場」の未来像

パーソナルカラー診断で本当に似合うものを

２０１５年12月に「ｎｅｎｄｏ × ゼログラ」が発売されたことで、「眼鏡市場」が商品企画に強いことと、あらゆるデザインにチャレンジできることが業界内外に伝わっていきました。社内の雰囲気も明るさを増してきて、この頃から、社員評価制度の刷新など社内制度の改正も進んでいきます。

そんななか、「女性活躍推進施策」の一環として、２０１６年5月から始まったのが「パーソナルカラー診断」サービスです。

パーソナルカラーとは、一言でいえば一人ひとりのお客様に似合う色のことで、「その人の魅力を引き出してくれる色」のことです。

似合う色を探すといっても「赤が似合う」「ピンクが似合う」といったことではなく、例えば、ピンクならオレンジがかったピンクか紫がかったピンクかなど、「どういう傾向の色が似合うのか」を探します。似合う色を身につけることで肌に透明度が増してきれいに見えたり、若々しく健康に見えたり、肌のトラブルを目立ちにくくしたりできます。

一般に、服やメガネや髪型などが似合うというとき、そこには色・形・素材という3つの要素があります。このうち特にメガネにおいては、形や素材に対する関心が強く、色に

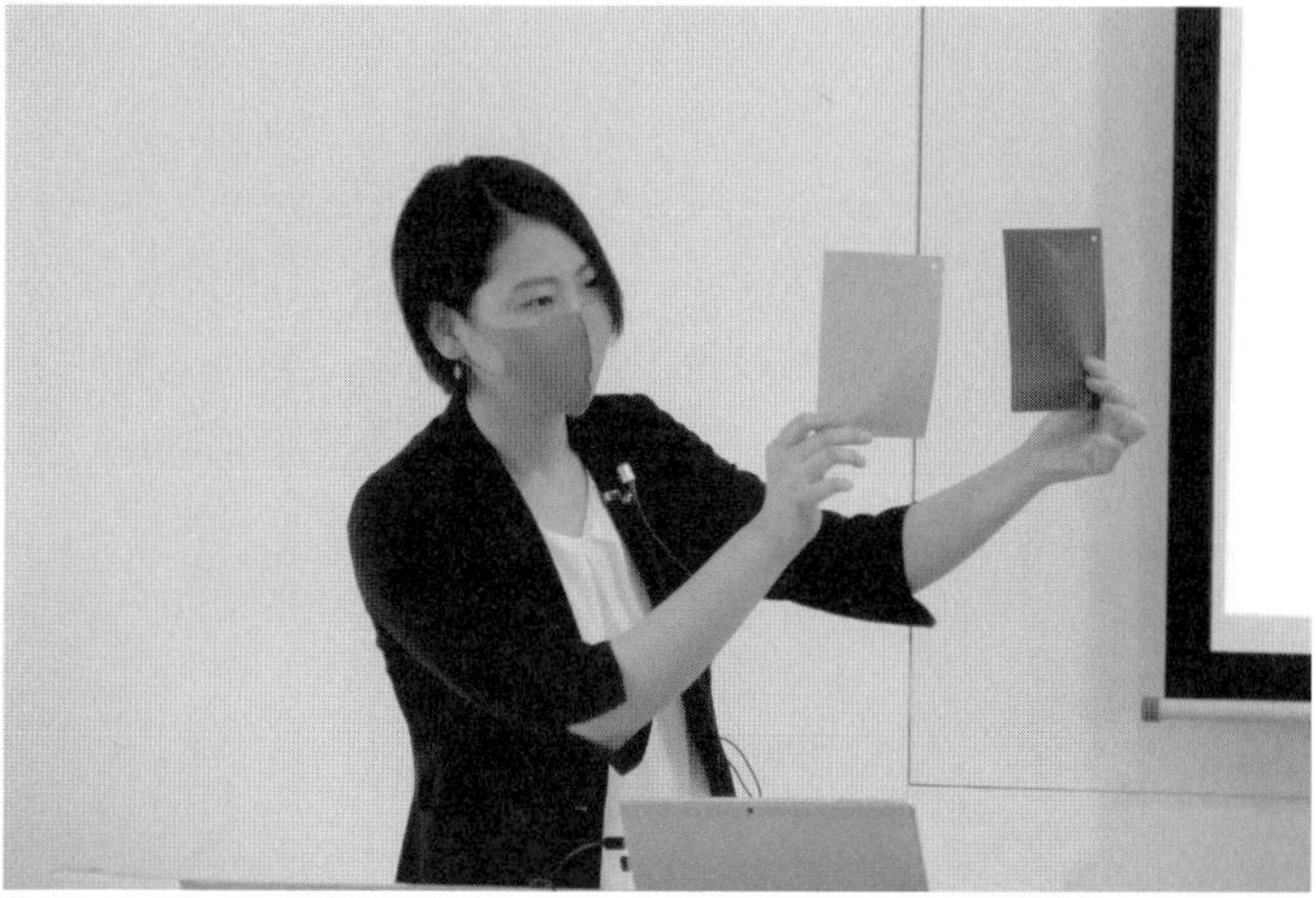

教育部による「パーソナルカラー診断」の研修を実施

「パーソナルカラー診断」研修風景

ついては「なんとなく」で選んでいる方が多く見受けられます。

その色についても、しっかりとお客様にコーディネートして差し上げたいという想いから「パーソナルカラー診断」サービスが生まれました。

診断方法は、お客様の顔下にドレープと呼ばれる色のついた布を当て、肌や髪、瞳の色などの身体色と調和する色を探していきます。お客様に似合うパーソナルカラーを見つけ、その色のメガネを身につけることで、どのような印象になるかを実際に体験していただくものです。

外部でパーソナルカラーについて学んだ教育部の社員が講師となり、「眼鏡市場」の女性スタッフに社内研修を受講してもらい、アナリストを育成しています。研修を終えたスタッフは所属店舗にて「パーソナルカラー診断」の体験イベントを行うなど精力的に活動しています。

このアナリスト育成研修の希望者は多く、研修で得た知識はメイクや服装などのアドバイスにも活かせることから、女性スタッフのモチベーションアップに役立つ施策となりました。

一義的にはお客様に笑顔になってもらうためのサービスですが、それだけでなく、診断をしながらのスタッフとの会話を通じて、お客様が求めている商品やサービスをヒアリングするマーケティングの場にもなっています。

「眼鏡市場」では、このような新たな取り組みに、どんどんチャレンジするように奨励しています。たとえ失敗に終わったとしても、やらずに終わるよりは失敗してもやってみたほうが成長につながると考えるからです。

店舗スタッフは感動を創る主役

「追加料金なし」のコンセプトに加えて、ユニークで斬新な商品企画を次々と提案し、挑戦を続ける「眼鏡市場」ですが、私たちの一番の強みは、人にあると考えています。

「眼鏡市場」に来店されるお客様は、「今のメガネが見えにくい」「最近聴こえ具合が良くない」など、それぞれの悩みを抱えています。その悩みを問診や視力測定、聴力測定を通じてうかがい解消することで、「見える喜び」「聴こえる喜び」を提供することが私たちの役目です。そのため、メガネ店は他の小売業よりもお客様に喜びや感動を感じてもらいやすい業種だと思っています。

「眼鏡市場」にはリピートのお客様が多いのですが、それはひとえに、店舗スタッフが感

お客様からの言葉（アンケートハガキ）

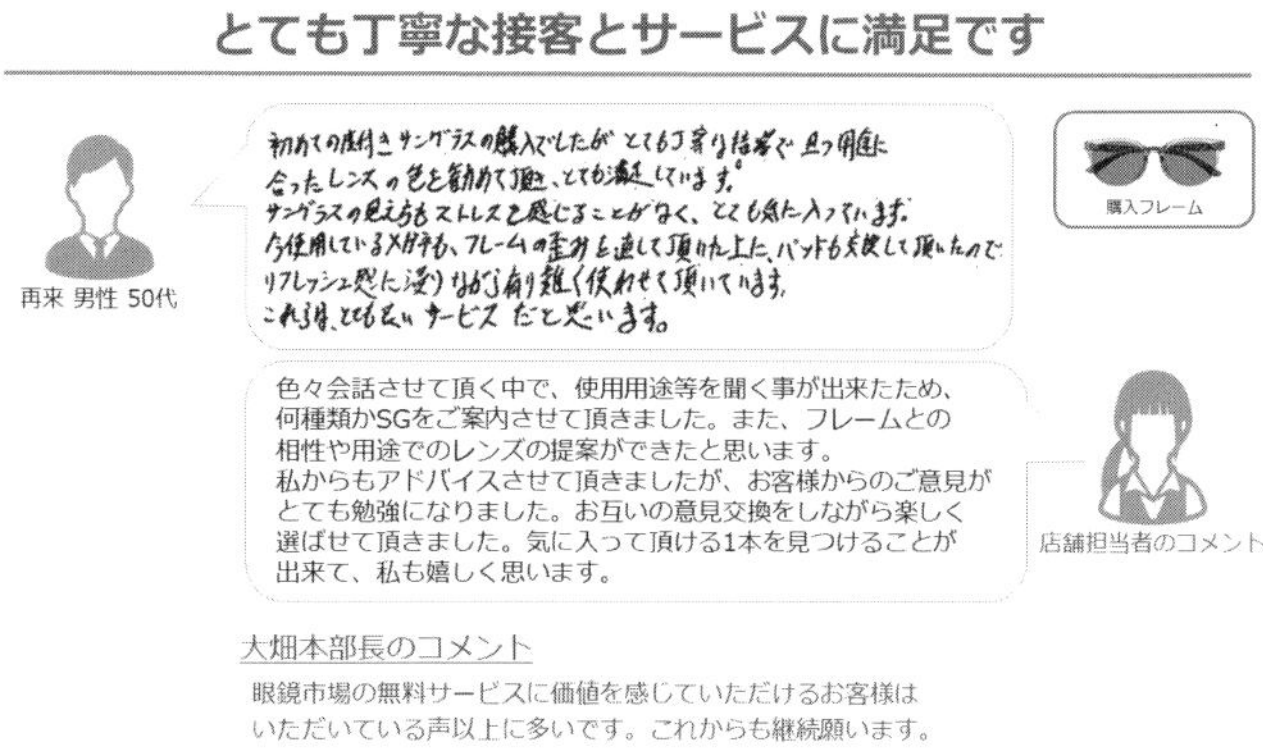

動や喜びを生み出す接客をしてくれているからです。

私たちが企業理念として掲げている「関わる皆の幸せを実現し、笑顔を創造する」ことに共感いただいた方々が従業員として働いていますし、入社研修時にも理念について学んでいただいています。

また、近年は「パーソナルカラー診断」や「顔タイプ診断」などの施策にも注力しており、従来の見え方や、掛け心地などの技術面だけでなく、「ファッションアイテム」として「自分にはどのようなメガネが似合うのか」というご相談にもお答えできるようにしています。

知識や技術はもちろん重要ですが、それをどう活かすか、どうしたらお客様に喜んでいただけるか、スタッフの一人ひとりが自分で考えて自律的に行動することが大切であり、それぞれの店舗が工夫して取り組んでいることが「眼鏡市場」の強さにつながっているのです。

お客様に寄り添い「不」を解消すること、相談しやすい身近な存在であることが「眼鏡市場」のスタッフの強みであり、目標でもあります。

こういった各スタッフの接客努力は、アンケートハガキを通じて本社に伝えられます。メガネを購入していただいたお客様にアンケートハガキをお渡しして、購入した商品やスタッフについての感想を記入していただきます。このアンケートハガキの回収率は驚くほど高く、年間約30万通が届いています。そこに書かれているお客様からの感謝の言葉は各スタッフに伝えられ、スタッフのモチベーションアップにつながり、次のお客様にも同じように丁寧な接客を行うことができるといった、良い循環を生み出しています。また、「こんな商品が欲しい」などの要望も多く頂いており、ここから新商品のヒントを得ることも少なくありません。

アンケートハガキなどで好意的な言葉を頂いた場合、「感謝ポイント」を対象スタッフに計上し、一定のポイントを獲得したスタッフを「ＣＳマスター」、店舗を「ＳＣＤ賞」

として表彰する取り組みも行っています。

お客様から頂いた感謝の言葉が増えるほど、個人や店舗の評価が上がっていきますので、この称号の授与も店舗スタッフの励みになっているようです。

オープンで入りやすい「眼鏡市場」への改装

2006年にオープンした「眼鏡市場」も10年以上が経過すると、時代の変化に伴ってリニューアルが必要となってきました。

「眼鏡市場」を立ち上げた初期には、ペ・ヨンジュンさんやベッキーさんを起用し女性や若者にアピールしましたが、その後は、ミドルシニア層に人気のある渡辺謙さんや松田聖子さんを起用した経緯があります。

客観的に振り返ると、「眼鏡市場」のお客様はミドルシニアの男性層が多く、若者や女性が若干少ない傾向がありました。しかし将来的には老若男女に愛されるお店にしたいとの希望があります。

ここで10年目を契機に、改めてお客様の立場に立ち「眼鏡市場」の店舗を見直すと、店

神戸三宮本店周辺のメガネチェーン店激戦区

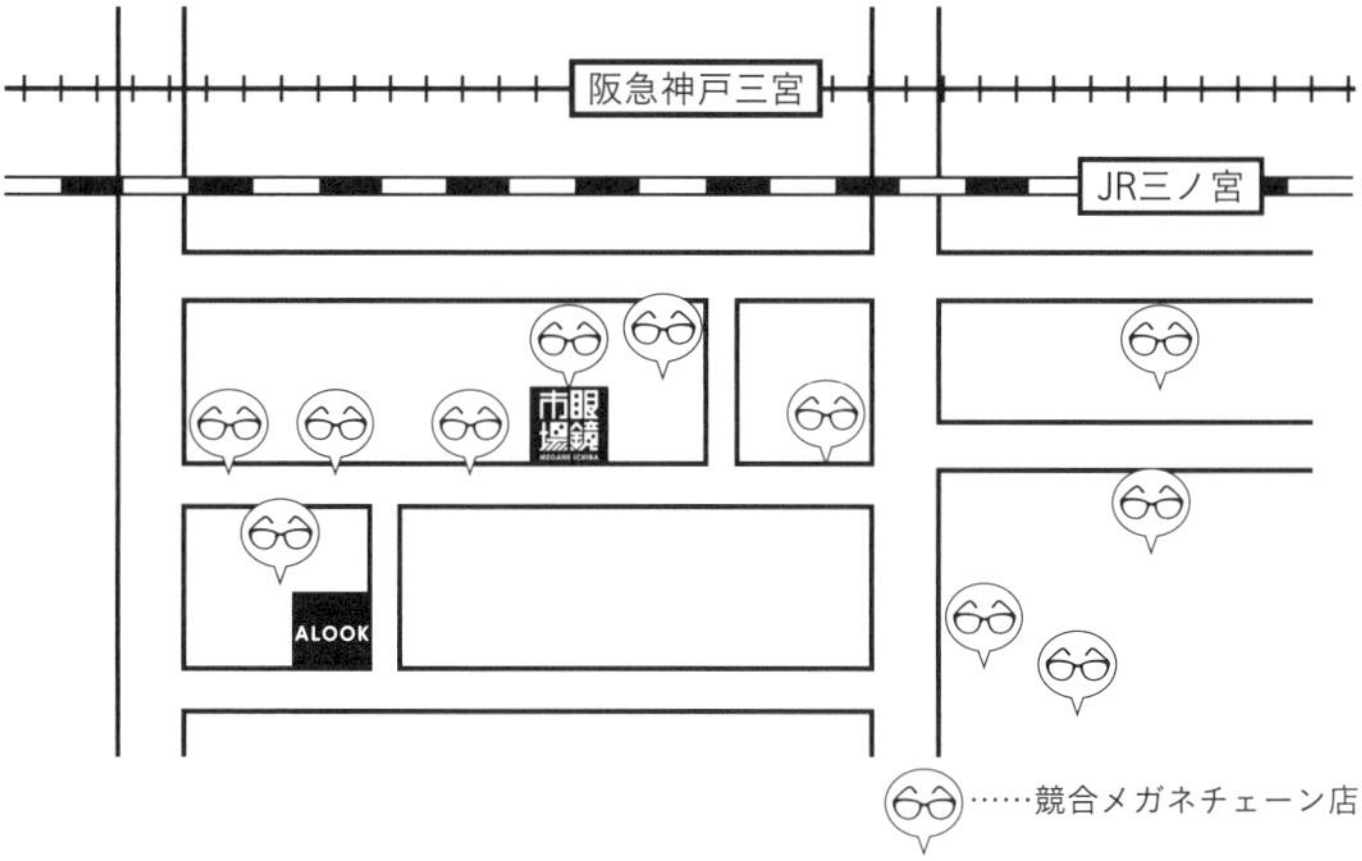

舗の内外装含めた全体的な雰囲気も、ミドルシニアの方が好むような落ちついた店舗作りになっていることに気づきました。実際、マーケット調査では、若者から見た「眼鏡市場」のイメージは「親世代が入る店」となっていました。

ミドルシニア層の心をつかまえることも大切なので、すべてを見直す必要はないのですが、その結果を踏まえ、若者や女性も入りやすい店舗を目指す大規模なリニューアルを計画することになります。

最初に見直したのがロゴです。２００６年のオープンから使ってきた「眼鏡市場」のロゴは愛着もあり大切にしてきましたが、昭和モダン的な落款のマークであり、カラーもブ

新しい「眼鏡市場」のロゴ

眼鏡市場
MEGANE ICHIBA

ちゃんと選ぶなら。

MEGANE ICHIBA
FREE FiT/ZEROGRA/i-ATHLETE/
SUNGLASSES/USUGATA LENS/
ENKIN LENS/KODOMO MEGANE
眼鏡市場

ラックで男性色が強過ぎました。

　そこで若者や女性でも気軽に入れるようなカジュアルさを出すため、書体をポップにし、ローマ字も入れ、カラーは健康や自然のイメージがあるグリーン色を基調とした明るいものに変更しました。従来のロゴでは、価格の高いお店のようで入りづらいと感じていたお客様にとって、抵抗感が少なくなることを意識しました。

　新しいロゴは２０１７年から使用していますが、お客様からの声は好評です。

　さらに店舗自体のリニューアルも行いました。モノクロを基調としていた店内を、ファミリーや女性でも気軽に入れるように、ロゴのグリーンを基調に、明るい壁紙や木材を使用したナチュラルテイストのお店に変えていきました。

　テレビコマーシャルには木村佳乃さんを起用し、

明るくて健康的なイメージを打ち出しました。

最初にリニューアルを実施した13店舗の選定では、基本的に各エリアの旗艦店を選びました。そのなかでも特に競合他社との競争が激しい2店舗は、その頃、商品コラボレーションを行っていたｎｅｎｄｏ社に声を掛け、関連会社であるｏｎｄｏ社と一緒にリニューアル内容を検討することにしました。

それが神戸三宮本店と広島本店です。神戸三宮本店のエリアは、ほぼすべてのメガネチェーン店が出揃っている激戦区であり、広島本店は近所にすさまじい売上を誇る老舗専門店があります。どちらも競争に勝つために力を入れました。

「眼鏡市場」での本格的なリニューアルは初めてであり、イメージの刷新やそれに伴うコストについては慎重に進める必要がありました。デザインをお願いしたｏｎｄｏ社はｎｅｎｄｏ社の関連会社であることもあり「私たちがやるなら細部までこだわって理想を１００％実現します」というスタンスです。そのため、従来の店舗リニューアルの10倍近いコストがかかることになり、社内決裁を得るまでにたいへん苦労しました。

リニューアルの効果が出て、激戦区でも良い結果を得られたことは、大変嬉しいことでした。やはりスタッフのやる気を育むためにも、さまざまなチャレンジと成果につなげる

神戸三宮本店

行動が大切です。

会社が目標を明確にして、そのために何をするかの指針をきちんと発信し、将来のビジョンが見えるようにすることで、今後の「眼鏡市場」が、どの方向に向かうのかを示せたという意味でも、重要なリニューアルになったと思います。

神戸三宮本店と広島本店の成長は、メガネチェーン店で売上ナンバーワンの「眼鏡市場」が、専門店や低価格店との競争に勝てる可能性を示してくれました。

専門店にも激安店にも負けない「眼鏡市場」を目指して

メガネ業界は、個人店も含めると1万社を超える集まりで構成されています。そして、その大半を占めているのが、「眼鏡市場」をはじめとする、「パリミキ」「ＪＩＮＳ」「愛眼」「メガネスーパー」といった大手チェーン店です。

そのほかに小規模の個人店が全国にありますが、それらは後継者と労働力の確保という面で課題を抱えています。労働人口の減少は、多店舗展開している私たち「眼鏡市場」にとっても大きな課題ですが、個人店の経営はさらに難しくなるでしょう。

メガネ業界の今後を考えるに、これまでは売上規模の小さな個人店が多く存在していたことで、専門店同士の結び付きが強く、業界団体も一定の力をもっていたのですが、今後は、個人店における事業承継などの課題から、長期的にはチェーン店が伸びていく時代の流れにあると思います。

商品においては、高品質で低単価のイメージが確立してきたＳＰＡやプライベートブランドが、お客様に指示される風潮がありますが、いち早く自社工場をもち、製販一体の

SPAを進めてきた「眼鏡市場」は、品質だけでなくトレンドに合わせたデザインにも力を入れ、お客様が求める魅力のある商品作りで、この先も業界をリードしていけると考えています。

私たちが目指してきたビジョンは、経営理念にあるように「関わる皆の幸せを実現し、笑顔を創造する」ことです。それを進めるために、店舗スタッフはお客様の笑顔を創造することを、経営陣は取引先や従業員の笑顔を創造することを、それぞれがそれぞれの立場で意識していくことが大切です。

個人的な思いとしては、「眼鏡市場」というブランドを、日本人の生活に必要な最も身近なブランドとして育てたいと思っています。

例えば、日本ではメガネに比べ補聴器があまりポピュラーではありません。価格が高額であることも理由の一つですが、メガネは掛けていて当たり前のファッションになっているのに対して補聴器はまだ珍しく、装着するのを恥ずかしいと感じる人が多いことも一因です。

現在、高齢化が進む日本では認知症が深刻な社会問題となっていますが、視力や聴力が低下してもメガネや補聴器で補わないでいることは、人との関わりが薄くなることにつながります。そこから脳への刺激が少なくなり、認知症の一因になることも分かってきています。

大手メガネチェーン店の多くは、メガネと同時にコンタクトレンズと補聴器を扱っていますが、低価格メガネ店で補聴器を取り扱っていることは、ほとんどありません。ですから、高齢化が進む社会で、お客様に喜んでいただける商品をと考えたときに、聴覚サポートに力を入れるという方向性は「眼鏡市場」のあるべき姿の一つと考えています。

そこで「眼鏡市場」では、難聴だと気づいていない人に「気づき」を与える活動として、「よるの むしのね ずかん」という取り組みを始めました。ページをめくると虫の音が聴こえ、ページをめくるごとに周波数が高くなる仕組みで、自分はどこまで聞こえているかを、楽しみながら自己診断されることで、難聴に気づいてない方に自覚をもってもらえるようになっています。

私は「眼鏡市場」を、視力や聴力が衰えてきたときに最初に足を向けていただける、そんな信頼性の高いブランドにしたいと考えており、そのためには何をすればよいかを逆算した社員教育、店舗構築、営業戦略など進めています。

今後はまず、日本国内で売上シェアの30％を握ることを目標に、それと並行して海外にも進出し「世界の眼鏡市場」を目指します。そのためにも、会社の成長に合わせて私自身も成長していかねばと考えています。

そして従業員の方々に対しては、私たちの会社に入社して良かったと思っていただける社内環境をつくりたいと考えています。成長意欲の高い方々が自ら選んで入ってくださるような企業を築いていきます。

「眼鏡市場」を世界へ！　台湾への進出

２０２０年３月、私たち「眼鏡市場」は初めての海外店舗を台湾に出店しました。

今後も、国内のマーケットシェアを高めていくことを軸に据えますが、人口減少が進む日本国内だけでは、いずれ成長の頭打ちも懸念されます。

そこで私たちは、どの地域でどのようなビジネスモデルを展開するべきかといった海外進出に向けたリサーチを10年以上前から行っています。

私自身も、株式を上場している時期には、海外投資家にＩＲの説明をするためヨーロッパやアメリカを回っていたので、その当時から、海外で私たちの会社がどのような事業を手掛けられるのかを考えていました。

ヨーロッパではメガネは比較的高価な商品で、日本の専門店と同じか、それよりも高額です。ＩＲをしていた当時、海外投資家へ「眼鏡市場」のコンセプトを説明すると、一様に「信じられない。そんなサービスがあるなら早くこちらにも出店してください」と言われたので、リップサービスも含まれていたのでしょうが、海外でも十分に勝機はあると感じていました。

しかし海外にはその国々の事情があります。ある国ではメガネは保険の対象になっていますし、国によっては視力測定は医療行為であり資格取得者でなければメガネを販売できないこともあります。また、海外資本の企業に対して店舗展開を制約している国もあり、一概にどの国がやりやすいとはいえません。

最初の海外進出先を台湾に決めるまでには、さまざまな要因を考慮し検討を行いました。例えば、日本からの物理的な距離が近いことや政治的な影響が少ないこと、親日的で日本企業が受け入れられやすいことなどが挙げられます。

日本よりも所得水準が低い台湾ですが、アンケート調査の結果から、日本製品に対する

台湾1号店オープン時の様子

信頼感と愛情が高いことを知り、そこに勝機を見いだしました。

２０２０年3月20日に台湾1号店をオープンしました。しかし残念なことにコロナ禍によって、大々的なオープニングセレモニーはできませんでした。当時ニュースは新型コロナウイルス関連ばかりとなり、日本のメガネチェーン店進出の話など取り上げてはもらえず、そもそも感染者数の多い日本から人が台湾に来ること自体が忌避されていたので、とても厳しいタイミングでのスタートとなりました。

それでも台湾でのシェアを拡大するために、商業施設や路面店などへの出店を進め、7カ月後の10月までに14店舗をオープンさせました。

台湾のコロナ対策は良好で経済の回復は早かったため、駐在スタッフの増員など徐々にサポート体制も整いつつありますが、私たち「眼鏡市場」の台湾進出は、まだまだ成功とはいえません。

国内で行ったように、大量のテレビコマーシャルで認知度を高める戦略もありますが、台湾ではケーブルテレビが主流で、チャンネル数が１００近くあり、視聴率が分散しているためにテレビコマーシャルの効果も分散されます。そのためウェブやポスティングなどで認知を少しずつ高めていますが、すでに台湾に出店している競合や、台湾国内のメガネ店と渡り合うには、まだまだ時間が必要です。

しかし私たちは、このような状況でも海外投資は続けていく予定です。日本の国内情勢からマーケットがいつか飽和状態になることも推測され、そのような場合に備えても海外マーケットを開拓しておかないと、社員の雇用継続すら難しくなるかもしれません。企業として売上や利益を確保することはミッションですから、たとえ困難だとしても海外へ進出し、全世界でのシェアを伸ばす必要があります。

私たち経営陣にとっても大きなチャレンジになりますが、「関わる皆の幸せを実現し、笑顔を創造する」ために成功させなければなりません。

お客様の「アイケア」ができるお店に

私たちの仕事は「メガネの販売」ですが、同じようにメガネを販売するお店は全国に数えきれないほどあります。もちろん私たちが取り扱っている商品は他店に負けない品質と価格であると自負していますが、今やメガネはそれだけでは売れにくくなっているのが現状です。ただ「商品」を買うだけでなく、店舗での接客やサービス、そしてお買い求めになるメガネそのものにも「眼鏡市場」でしか得られない「価値」を感じていただかないと、お客様は離れていってしまいます。

そこで、私たちは新たに「アイケア」の強化を始めました。

ご来店されたお客様にフレームを選んでいただき、視力測定を行い、適したレンズの種類をご案内する。このプロセスのなかで、お客様一人ひとりに寄り添ったご提案やサービスを提供することで、「眼鏡市場」の商品や店舗の「価値」を感じてもらうものです。

具体的な取り組みとしては、お客様の生活スタイルやお仕事、ご趣味などをヒアリングし、用途に合わせた見え方やレンズの種類を提案する「見え方相談」から、「抗菌レンズ」や「くもり止めレンズ」など、新しいレンズの開発や提案を行っています。

また、購入されたメガネの度数や保証内容をスマートフォンなどで確認できるアプリもリリースしています。出来上がったメガネと一緒にお渡ししているアンケートハガキの回答もアプリから行えるようになり、より多くのお客様の声を頂き、営業に反映することができるようにしました。

このように、一人ひとりのお客様にとっての「見える価値」を高めていくことが、私たち「眼鏡市場」が成長するうえで重要なポイントだととらえています。

会社が成長を続けるために、この先、国内人口が減少していくなかでもメガネの販売件数を伸ばさなければいけません。そのためには、お客様の満足度を高め、「眼鏡市場」のファンになっていただくことが重要です。

この先も予測がつかない状況は続きますが、それでも、お客様のために我々ができることを、一人ひとりが精一杯考え行動し続けることで、必ず結果はついてくると私は信じています。

おわりに

本書を作成するきっかけは、ベテラン社員からの一言でした。
「眼鏡市場」の立ち上げを知らない世代にも会社が取り組んできた歴史を知ってもらいたい。

２００６年10月に「眼鏡市場」を立ち上げ、15年が経過しました。当時入社した新入社員も30代後半となり店長やエリアマネージャーとして活躍しています。

現在５０００名弱の従業員が在籍していますが、およそ半数は業界ナンバーワンになって以降に入社した方々となります。社の歴史を知る従業員も定年を迎え、過去の変遷を知る者も減っていくなか、「メガネトップ」時代のことも、「眼鏡市場」への変革の経緯も知らずに日々の業務に専念しています。過去を知ることが、必ずしも次の世代の成長の糧になるとは限りませんが、今の会社業績や環境は、自分の力だけで築き上げたものではなく、先人たちの苦労や功績があってのことと感謝の想いをもっていただきたいと思っています。そして、今後は自分たちが次の世代に継承するために何ができるのかを、時流への変化対応を考えながら挑戦することが事業の継続性に必要なことだと思います。

私は富澤家の長男として生まれ、自らの意思で会社を継ぎました。

幼少の頃から恵まれた環境で育ち、苦労は少なかったと思います。

ただ今の自分がこの立場でこのような仕事ができるのも、すべて父をはじめ、会社の立ち上げから関わってきてくださった社員、お客様、取引先の皆様のおかげと感謝しています。


「メガネトップ」時代、まだ50店舗にも満たない頃だと思います。父が祖父に仕事の話をすると、「自分だけではなく、周りの人は満足しているのか」と常に言われたそうです。これが弊社の起源だと思います。「関わる皆の幸せを実現し、笑顔を創造します」という企業理念のとおり、私は取り巻く周りの方々に感謝し、笑顔で生活できる環境を目指します。


会社における私の功績は、正直言ってありません。

そんな私に対して社員の皆さんが創業者と同じように敬い、敬意を示していただけることはたいへんうれしくもありますが、半面、社員の皆さんの期待に応えねばと常に身が引き締まる思いでいます。１人でも多くの社員に「当社に入社して良かった」と思ってもらえるように、もちろんお客様に対しても、見える、聴こえる豊かな生活をご支援し「眼鏡市場があって良かった」と思っていただけるよう、これからも企業理念の実現を考え、高い成長意欲とともに精進いたします。

最後に、本書の出版にご尽力いただいた幻冬舎様、本社の書籍プロジェクトに参加いただいたメンバーに感謝いたします。

冨澤昌宏（とみざわ まさひろ）

1981年生まれ。大学卒業後、2005年株式会社メガネトップに入社。

2009年、創業者・現会長の冨澤昌三に社長就任を命じられ、28歳で現職に就く。

当時、東証一部上場企業最年少社長の記録を更新し話題となる。

会社ロゴの刷新、レンズ・フレーム一体価格、PB開発など、さまざまな改革に着手。2012年に業界売上NO.1を獲得し、現在2021年に至るまで業界売上NO.1を継続している。

本書についての
ご意見・ご感想はコチラ

スゴイぞ！ 眼鏡市場
～メガネトップ業界売上NO.1の秘密～

2021年11月18日　第1刷発行

著　者　　冨澤昌宏
発行人　　久保田貴幸

発行元　　株式会社 幻冬舎メディアコンサルティング
〒151-0051　東京都渋谷区千駄ヶ谷4-9-7
電話　03-5411-6440（編集）

発売元　　株式会社 幻冬舎
〒151-0051　東京都渋谷区千駄ヶ谷4-9-7
電話　03-5411-6222（営業）

印刷・製本　　瞬報社写真印刷株式会社
装　丁　　三浦文我

検印廃止

Printed in Japan
ISBN 978-4-344-92802-2 C0095
幻冬舎メディアコンサルティングHP
http://www.gentosha-mc.com/